水映淄博

李振玉　李斌　主编

黄河水利出版社
·郑州·

图书在版编目（CIP）数据

水映淄博／李振玉，李斌主编. — 郑州：黄河水利出版社，2013.11

ISBN 978-7-5509-0637-2

Ⅰ.①水… Ⅱ.①李… ②李… Ⅲ.①黄河—水利史—淄博市 Ⅳ.①TV882.1

中国版本图书馆 CIP 数据核字（2013）第284550号

出 版 社：黄河水利出版社
　　　　　　地址：河南省郑州市顺河路黄委会综合楼14层　　邮政编码：450003
发行单位：黄河水利出版社
　　　　　　发行部电话：0371-66026940、66020550、66028024、66022620（传真）
　　　　　　E-mail:hhslcbs@126.com
承印单位：河南省瑞光印务股份有限公司
开本：710 mm×1 000 mm　1/16
印张：15
字数：240 千字　　　　　　　　　　　印数：1—3 000
版次：2013年11月第1版　　　　　　　印次：2013年11月第1次印刷

定价：60.00元

《水映淄博》编委会

　　泱泱齐风，古韵瓷都。

　　因淄水博山而得名的淄博，是齐国故都，聊斋故里，足球故乡，陶瓷名城。

　　淄博历史悠久，是齐文化发祥地。古城临淄为春秋五霸之首齐国的故都，曾是"巨于长安"的海内名都。

　　作为近代中国工矿业开发较早的地区之一，淄博工业发展已有百年以上历史，是全国重要的石油化工、医药生产基地和建材产区，国家先进陶瓷产业基地。

　　淄博经济社会发展迅速，改革开放以来，淄博市经济实力日益增强。2011年，工业名城淄博成为我国工业经济过万亿元的16个城市之一。

　　淄博实现新的腾飞，离不开黄河水的润泽。

　　淄博是水资源比较缺乏的城市，人均占有水资源量只有346立方米，仅为全国人均占有量的六分之一。

　　1989年之前，淄博市并不濒临黄河，水资源短缺成为制约淄博经济社会快速发展的瓶颈。

　　1989年12月2日，国务院批复同意将惠民地区的高青县划归淄博市管辖，至此，齐国故都与古老黄河紧密相联。

　　淄博市市委书记周清利说："过去十年，黄河水支撑了我市一半的新增工业产值。今后十年，尤其是在我市下一个万亿元产值中，黄河水，包括南水北调的长江水，将通过吸引积聚大量的优质生产力，支撑其中的五千亿元。"

　　目前，黄河是淄博市唯一可利用的客水资源，淄博市的工农业生产、城乡居民生活以及生态建设都需要把黄河水作为重要支撑。

为淄博提供水资源服务的是成立于1990年的淄博黄河河务局。

与黄河上大部分市级河务局相比，淄博黄河河务局成立晚，局不大人不多，但却是黄河的一个富民强局的典型。

建局以来，淄博黄河河务局一届接着一届干，按照"除害兴利"的总方针，对辖区黄河进行了大规模的治理与开发，实现了大河岁岁安澜，为淄博人民生命财产提供了安全保障。

他们严格水资源管理、优化水量调度、科学用水服务，为淄博经济社会环境的可持续发展提供了良好的水资源保证，促进了经济社会的可持续发展。

他们依法治河，实施严格的水行政管理，保证正常的水事秩序。

他们秉承"大计由职工共商，佳绩靠职工共创，成果让职工共享"的理念，全局发展的大戏始终交由职工唱主角，营造出工作上人人用心、生活中个个开心的和谐环境，开拓出一条洒满阳光的幸福之路。

新时期，淄博黄河河务局积极践行"治河为民"的治河理念，开放式治河，在为地方营造良好环境、服务地方发展的同时，主动融入地方，做足水土文章，从地方发展中壮大了自己，强局富民，实现和谐发展、共赢发展，荣获"全国文明单位"称号，被评为全国全民健身活动先进单位，淄博黄河段被评为国家水利风景区，所属高青黄河河务局被评为国家一级水管单位，形成淄博黄河现象。

本书以历史为经，充分梳理了淄博黄河20多年的发展历程；又以淄博黄河的各项业务为纬，从防汛防凌、工程建设、水资源管理、依法治河、黄河经济、精神文明、发展展望等方面进行挖掘、解析，对淄博黄河人20多年来的成就与经验进行了全面深入的扫描、揭秘。本书既是淄博黄河跨越发展的一部史籍，又是淄博黄河形象的生动写真。

本书的出版得到了黄河水利委员会、山东黄河河务局、淄博市委市政府领导及同志们的大力支持。在此，我们对所有关心、支持、协助本书编写工作，为本书编写提供资料、服务，付出心血和劳动的领导、专家、各界人士表示衷心的感谢！

黄河落天走东海，万里写入胸怀间。祝福我们的母亲河更健康美丽，祝福淄博明天更美好！

编　者

2013年9月

目录

黄河落天走东海

黄河落天走东海

亘地黄河出

惟天河之一派，独殊类于百川。

黄河，四渎之首，古称河，《汉书·地理志》中始有"黄河"之名。

她从源头消融，历经冰清玉洁，告别了人们敬畏的巴颜喀拉山，穿峡谷、跨高坡、越平原，风尘仆仆一路走来，流经青、川、甘、宁、蒙、晋、陕、豫、鲁等9个省区，于山东省垦利县扑进大海的怀抱。长度5 464千米，流域面积79.5万平方千米，年均径流量534.8亿立方米，这便是黄河的简短履历。它仅次于第一长河长江，居中国次席。

黄河流域是我国文化的发祥地。几十万年以前，在世界各地大都还处在蒙昧状态的时候，这里就有了人类的踪迹。新石器时代的遗址，遍及黄河两岸、大

◀◀黄河十八弯

河上下。进入阶级社会以后，在一个相当长的历史时期内，黄河流域是我国政治、经济、文化的中心，人们亲切地称她为中华民族的摇篮。与世界其他几个古文明相比，只有黄河文明是唯一的不曾断裂、顽强彪炳于世界的文明。

▲ 相传有龙马身负"河图"跃出黄河

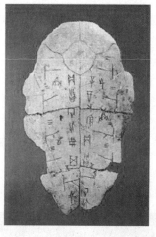

◀◀ 传承有序的甲骨文是黄河流域灿烂文化的见证

黄河流域资源丰富。

这里是全国粮食主产区之一。总土地面积11.9亿亩（含内流区），占全国国土面积的8.3%。流域内共有耕地2.44亿亩，人均耕地3.5亩，约为全国农村人均耕地的1.4倍。黄河两岸灌区是中国粮食主产区之一，下游两岸还是小麦生产的核心区。

▲ 黄河灌区良田万顷

这里矿产富集，已探明的矿产有114种，在全国已探明的45种主要矿产中，黄河流域有37种。其中，煤、稀土、石膏、玻璃用石英岩、铌、铝土、钼、耐火黏土等资源具有全国性优势。

这里是我国的"能源走廊"，黄河上中游地区的煤炭资源、水力资源，中下游地区的石油和天然气资源，在全国占有极其重要的地位。流域已探明煤保有储量约5 500亿吨，为全国煤炭储量的一半。流域水力资源技术可开发装机容量达3.49万兆瓦。

黄河多年平均天然径流量534.8亿立方米，是我国西北和华北地区最重要的水资源。黄河以占全国河川径流2%的有限水资源，承担着占全国12%的人口、13%的粮食产量、14%的GDP及50多座大中城市420个县（区、旗）城镇的供水任务，以及向外流域调水任务。

九曲黄河万里沙。

黄河是世界上输沙量最大、含沙量最高的河流，多年平均天然输沙量达16亿吨，如果将这些泥沙堆成一米见方的土堆，可以绕地球27圈；多年平均天然含沙量35千克每立方米，"一碗水，半碗泥"就是黄河多

▼ 九曲黄河万里沙

▲ 黄河河床高隆于华北大平原

沙的最形象写照。

黄河巨量泥沙来源于世界上水土流失面积最广、侵蚀强度最大的黄土高原。该地区水土流失面积达45.4万平方千米，占流域水土流失总面积的97.6%。由于泥沙持续淤积抬高河床，下游河道高悬于黄淮海平原之上，成为举世闻名的"地上悬河"，易于决口泛滥，甚至改道。由于主槽淤积和生产堤的修建，东坝头至陶城铺河段逐步形成槽高、滩低、堤根洼的"二级悬河"，严重威胁下游两岸。

黄河流域又是我国自然灾害频繁的地区，主要有洪水灾害和旱灾。洪水分为暴雨洪水和冰凌洪水，灾害来自上游和中游，主要表现在下游，多发生在6～10月。

☞ **延伸阅读**

黄河的水沙特征

　　"水少沙多，水沙关系不协调"是黄河最大的水沙特征。黄河水资源相对贫乏，且河川径流年际、年内变化大，地区分布不均，62%的水量来自兰州断面以上，多年平均河川天然径流量534.8亿立方米，居七大江河的第四位，年径流量仅占全国的2%，人均水量为全国平均的23%，耕地亩均河川径流量为220立方米，仅为全国平均水平的12%。

　　黄河水沙关系严重不协调，中游河口镇至三门峡区间，来沙量占全河的89.1%，来水量仅占全河的28%；河口镇以上来水量占全河的62%，来沙量仅占8.6%。汛期7～10月来沙量约占全年来沙量的90%，且主要集中在汛期的几场暴雨洪水。干流及主要支流汛期7～10月径流量占全年的60%以上。

　　历史上，黄河下游"三年两决口，百年一改道"，河道在北至天津南至江淮的广大区域内往复变迁，纵横25万平方千米，影响波及冀、鲁、豫、皖、苏五省的24个地(市)所属的110个县(市)，人口近亿人。其灾害之沉重，危害之巨大，为世界江河所仅见。1855年（清咸丰五年）洪水盛涨之际，大河在河南兰阳铜瓦厢（今兰考东坝头附近）决口，这是黄河第五次大改道，形成了现在的行河河道，黄河复流入渤海。

　　冰凌洪水主要发生在宁蒙河段、黄河下游，发生的时间分别在3月、2月，小浪底水库建成后基本解除了下游凌汛威胁。由于水沙关系恶化、河道主槽淤积萎缩，内蒙古河段近年来还发生过凌汛堤防决口，造成巨大经济损失。

　　历史上黄河流域旱灾频繁，是旱灾最严重的地区之一，从公元前1766年到1944年的3 710年中，有历史记载的旱灾就有1 070次。特别是流域西北部的黄土高原地区，历史上更是十年九旱，造成粮食大幅度减

▲ 黄河浪涛

◀◀ 1938年，花园口扒口后，黄河主流南泛，灾区男女老幼逃离家园

产，人民群众饮水十分困难。

治理黄河历来是安邦兴国的大事。60多年来，人民治黄事业，为中国人民的解放事业、新中国社会主义建设和各个时期国家经济社会的发展作出了巨大贡献。

黄河治理，规划先行，新中国成立以来，先后组织进行了四次比较系统的流域综合规划。

▲ 黄河凌花

☞ **延伸阅读**

　　1955年7月一届全国人大二次会议讨论并通过了《关于根治黄河水害和开发黄河水利的综合规划的决议》，这是第一部也是唯一一部由全国人大讨论通过的全国大江大河治理规划，规划确定了"除害兴利、综合利用"的指导方针，提出了"根治黄河水害、开发黄河水利"的总体布局，开启了新中国规划治理大江大河的先声。

　　1997年国家计委、水利部联合审查通过的《黄河治理开发规划纲要》（简称《规划纲要》），2002年7月获国务院批复的《黄河近期重点治理开发规划》，明确了控制洪水、处理和利用泥沙、开发利用和保护水资源、水土保持生态建设的基本思路，对防洪减灾、水资源开发利用及保护和水土保持生态建设等方面的措施进行了安排。

　　特别是2013年3月，国务院批复的《黄河流域综合规划（2012—2030年）》，确立了黄河治理开发保护与管理的长远目标和2020年、2030年要达到的目标，规划明确了构建"六大体系"的总体布局，为新时期治河开启新的篇章。

　　在历次流域综合规划的指导下，黄河治理开发与保护取得了辉煌成就，对流域及相关地区的经济社会发展起到了支撑作用。

　　下游防洪工程体系基本建成，防洪能力显著提高。基本形成了"上拦下排、两岸分滞"的下游防洪工程体系，以及防洪非工程措施，保障了黄淮海平原12万平方千米防洪保护区的安全和稳定发展。逐步形成了"拦、调、排、放、挖"处理和利用泥沙的基本思路。

　　通过水土保持减沙、骨干水库拦沙、小北干流放淤、挖河固堤等，减少了进入黄河下游的泥沙。2002年以来，通过小浪底水库拦沙和调水调沙，遏制了河道淤积抬高，逐步恢复了河道主槽排洪输沙功能，下游河道最小平滩流量由2002年汛前的1 800立方米每秒提高到2010年的4 000立方米每秒左右。

　　水资源开发利用促进了流域及相关地区经济社会发展。目前已建成大量的蓄水、引水、提水、机电井、引黄涵闸等工程，以及引黄济青、

▲ 壮观的"水上长城"

引黄济津等工程，发展灌溉面积1.1亿亩，在保障流域及相关地区供水安全和饮水安全、改善区域生态环境等方面发挥了重要作用，促进了相关地区的经济社会发展。

▲ 打渔张引黄闸

黄土高原地区水土流失防治取得了初步成效。截至2007年年底，累计治理水土流失面积22.56万平方千米，建成淤地坝9万多座，以及大量的小型蓄水保土工程，年平均减少入黄泥沙4亿吨左右，改善了当地生态环境和人民群众的生产生活条件，取得了

▲黄河入海口壮观景象

显著的经济效益、生态效益和社会效益。

　　水资源和水生态保护工作逐步得到重视和加强。流域内大中城市污水处理设施建设力度加大，污水处理率有所提高，水质有所改善，水功能区监督管理能力增强；水生态保护力度加大，黄河源区水源涵养功能和生物多样性、河流生态系统功能在一定程度上得到改善。

　　流域综合管理和科技支撑能力有所增强。基本建立了流域管理与区域管理相结合的管理体制，流域水行政管理职能得到了扩充和加强，管理能力进一步提高，涉水法律法规逐步完善，流域管理和公共服务水平得到进一步提升。水沙监测与预测预报体系初步建立，建设了"数字黄河"、"模型黄河"工程，进一步提

▲模型黄河

高了科技支撑能力。

黄河是世界上最复杂难治的河流，其治理开发与保护具有长期性、艰巨性和复杂性。

黄河流域是我国继续实施推进西部大开发、促进中部地区崛起的重点地区。随着能源基地、西气东输、西电东送等重大战略工程的建设，预计在未来相当长一段时期内，黄河流域特别是上中游地区发展进程将明显加快，经济社会仍将以高于全国平均水平的速度持续发展，经济社会发展又对黄河治理开发与保护提出新的要求。

根据有关国家区域发展战略和黄河流域资源赋存条件，未来黄河流域重点发展能源、冶金、化工等优势产业。国家推动实施呼包鄂榆、关中—天水、兰州—西宁、宁夏沿黄经济区、太原城市群、中原经济区、山东半岛蓝色经济区等一系列国家重点开发区域发展战略，沿黄经济带已初具发展规模。

2011年中央一号文件和中央水利工作会议对水利改革发展做出战略部署。党的十八大又对深化水利改革发展、生态文明、民生水利等进行新部署，提出新要求。

▲ 美丽的黄河湿地

✿ 背景链接

全国主体功能区规划

2010年12月21日，国务院印发《全国主体功能区规划》，确定的国家层面的主体功能区是全国"两横三纵"城市化战略格局、"七区二十三带"农业战略格局、"两屏三带"生态安全战略格局的主要支撑。推进形成主体功能区，明确国家层面优化开发、重点开发、限制开发、禁止开发四类主体功能区的功能定位、发展目标、发展方向和开发原则。山东半岛蓝色经济区位列其中。

根据中央治水方针和水利部可持续发展治水思路，黄委新一届党组抓住治河根本，提出"治河为民"的理念，要求统筹治河与流域经济社会可持续发展，统筹治水治沙治滩和惠民富民安民，使治黄总体布局、重大工程和技术措施同全国主体功能区划相衔接，同人口、资源、环境相协调。

⚘ 黄河生态景观成为摄影爱好者的乐园

齐鲁青未了

山东简称"鲁"，古为齐鲁之地，因在太行山之东，故称"山东"。

山东面积15.7万平方千米，约占全国总面积的1.6%。下辖2个副省级市15个地级市140个县（市、区），总人口9 417.23万人。山东的海岸线全长3 024.4千米，仅次于广东省，居全国第二位。

作为经济强省，山东对中国内地经济的贡献有九分之一强。 2012年山东省实现生产总值(GDP)50 013.2亿元，成为继广东、江苏之后第三个5万亿元梯队成员。

▽蓝天　白云　明湖

✿ **背景链接**

山东省经济发展战略布局

山东省积极构建"一体两翼"经济发展带和"一群一圈一区一带"的城镇空间格局。在"一体两翼"中，一体是指以胶济铁路为轴线形成的横贯东西的中脊隆起带，两翼则分别是北临渤海湾的黄河三角洲、南接苏豫皖的鲁南经济带。在"一群一圈一区一带"的城镇空间格局中，一群是以济南和青岛为中心、以青岛为开放龙头的山东半岛城市群，是蓝色经济区建设的重要载体、全省经济社会和城镇化发展的核心区、我国东部重要的经济中心、具有国际竞争力的城市群。一圈是以济南为中心的济南都市圈，是带动山东省中西部发展、加快城镇化进程的经济增长极。一区是以滨州、东营为中心，依托黄河三角洲高效生态经济区的开发建设培植的环渤海经济圈新的经济增长极和城镇发展区。一带指鲁南经济带，包括临沂、济宁、枣庄、菏泽、日照五市。

齐鲁大地历史悠久，是中国文化的源头和中华民族的重要发祥地之一。世界十大文化名人之首的孔子及其儒家思想就诞生在这里。春秋时期的鲁国，产生了以孔子为代表的儒家思想学说，而东临滨海的齐国却吸收了当地土著文化（东夷文化）并加以发展，两种文化在发展中逐渐有机地融合在一起，形成了具有丰富历史内涵的齐鲁文化。

山东水系比较发达，全省平均河网密度每平方千米在0.7千米以上。干流长10千米以上的河流有1 500多条，其中在山东入海的有300多条。京杭大运河在境内自东南向西北纵贯鲁西平原，黄河在境内自西南向东北斜贯鲁西北平原。

▲ 生于鲁都曲阜的孔子开创了儒家思想

　　山东水资源总量不足，人均、亩均占有量少。全省水资源总量仅占全国水资源总量的1.09%，人均水资源占有量334立方米，不到全国人均占有量的1/6，居全国各省(市、区)倒数第三位，远远小于国际公认的维持一个地区经济社会发展所必需的1 000立方米的临界值，属于人均占有量小于500立方米的严重缺水地区。

　　黄河自东明县入山东境，北偏东流，斜贯鲁西北平原，经9市25个县（市、区），在垦利县注入渤海，境内河道长628千米，是山东省内最大的河流。

　　自东明上界到高村河段属游荡型河段，高村至陶城铺河段属过渡型河段，陶城铺至利津河段属弯曲型窄河段。最窄处是艾山卡口，宽仅275米，成为黄河洪水下排的瓶颈。利津以下为摆动频繁的尾闾段，泥沙不断堆积，多年平均造陆面积为25～30平方千米，塑造了共和国最年轻的土地——黄河三角洲。

▼ 美丽的山东黄河湿地

▲ 年轻的黄河三角洲

　　其间，共有两条支流注入黄河。一条是长158.6千米的金堤河，在河南省台前县张庄附近入黄河，山东段位于该流域下游低洼区，全长60千米。另一条是长209千米的大汶河，发源泰莱山区，汇泰山山脉、蒙山支脉诸水，西流入黄，被称为全国最大的"倒流河"。大汶河下游也叫大清河，是戴村坝以下进入东平湖的一段河道，全长19千米，通过东平湖与黄河相通。

　　山东黄河共有106处滩区，总面积1 702平方千米，涉及沿黄9个市25个县，滩区内有736个行政村，居住人口59.16万人，耕地196.19万亩。

　　以三门峡至花园口区间来水为主形成的"下大洪水"对山东黄河防洪威胁严重。黄河最后一条支流——大汶河发生洪水时，除威胁大清河及东平湖堤防安全外，如果再与黄河洪水相遇，直接影响东平湖对黄河洪水的分滞，从而增加山东黄河窄河段的防洪压力。自三门峡、小浪底水库防凌蓄水运用以来，山东黄河段防凌压力基本解除。

　　1946年人民治理黄河以来，山东黄河先后进行了四次大复堤和标准化堤防建设，共培修黄河堤防1 200余千米，加高加固了堤防，石化了险工，逐步完善了河道整治工程，修建了东平湖蓄滞洪区、齐河北展宽区、垦利南展宽区等分滞洪工程，初步建成了由堤防、险工、河道整治工程和蓄滞洪工程组成的较为完整的防洪工程体系，再加上非防洪工程的建设，实现了60多年伏秋大汛不决口的丰功伟绩。建设的济南段黄河标准化堤防，成了名副其实的防洪保障线、抢险交通线和生态景观线，荣获了中国建设工程质量最高奖——鲁班奖，成为人民治黄以来全河第一个荣获鲁班奖的防洪工程。

▲ 济南黄河铁桥

▼ 黄河山东段

▲ 济南历城盖家沟黄河险工

黄河是山东省最主要的客水资源，根据黄河高村水文站实测资料统计，黄河多年平均进入山东的径流量为369.9亿立方米，超出山东当地淡水资源总量66.8亿立方米，在全省经济社会发展中占有举足轻重的战略地位。

自1950年山东省在利津綦家嘴建成第一座引黄闸以来，目前山东黄河共建有引黄涵闸63座，设计供水能力2 423立方米每秒，有效灌溉面积3 164万亩。全省已有11个市的70个县（市、区）用上了黄河水，引黄水量和引黄灌溉面积占全省总用水量和总灌溉面积的40%左右。近十年农业引黄灌溉年增产效益达30多亿元。

黄河同时还担负着引黄济津、引黄入冀、引黄保泉、引黄济青、引黄济淄等重要任

▲ 引黄济青渠首分水闸

务。随着胶东调水工程的建成使用，今后还将通水至烟台、威海，供水范围将进一步扩大。国务院"八七"分水方案正常年份分配山东省用水指标70亿立方米，自1987年至2010年的24年间，山东共引用黄河水1 661亿立方米，年均69.2亿立方米。

20世纪70年代至90年代末，黄河频繁断流，最为严重的1997年断流时间长达226天，严重影响了沿黄城乡人民生活，对工农业生产造成了重大损失。1999年国务院授权黄委对黄河水资源进行统一管理调度以来，经过上下共同努力，确保了黄河连续14年不断流，基本满足了山东省沿黄地区工农业生产和城乡居民生活用水需求。另外，还把黄河水远距离送到了菏泽南五县和德州庆云，滨州沾化、无棣等严重缺水地区，解决了群众的吃水难问题，结束了喝苦咸水的历史。通过远距离跨流域调水，圆满完成了多次引黄济津、引黄济青调水任务，有效缓解了天

▼黄河下游最大的人工银杏林

津、河北、青岛等地的用水紧张局面。据中国水科院和清华大学测算，2000～2004年五年，黄河水量统一调度使黄河流域以及相关地区累计增加GDP 1 544亿元，取得了显著的经济效益、社会效益和生态效益。

20世纪60～70年代，沿黄地区还利用黄河水沙资源进行放淤改土，把280多万亩盐碱涝洼地改造成高产稳产良田，成为山东省重要的商品粮棉基地。60多年来，共有530亿吨泥沙输入渤海，填海造陆1 400平方千米，新增土地210万亩。

历史上黄河治理都由中央政府直接管理。在全国七大流域机构中，黄河水利委员会是唯一担负全河水资源统一管理、水量统一调度、直接管理下游河道及防洪工程等任务的流域机构。

山东黄河河务局是水利部黄河水利委员会在山东省的派出机构，负责黄河山东段的治理开发与管理工作，是山东黄河的水行政主管部门。

自1946年5月建立以来，经过60多年的发展，山东黄河河务局成为黄委最大的下属单位，下设菏泽、济宁、泰安、聊城、德州、济南、淄博、滨州、东营8个市河务（管理）局（济宁、泰安同属东平湖管理局）30个县（市、区）河务（管理）局，15个直属单位。至2010年底，全局共有职工1.2万人，其中在职职工7 759人，离退休人员4 319人。

☞ **延伸阅读**

山东黄河

人民治黄以来，截至2011年，山东黄河河务局累计完成基本建设投资115.91亿元，完成土方13.7亿立方米、石方2 027万立方米、混凝土60万立方米。全局堤防绿化已达1 389千米，树株存有量2 300多万株，千里堤防成为绿色长廊，被全国绿化委表彰为"全国绿化先进单位"。已有6个"国家一级水利工程管理单位"、6处"国家水利风景区"。

人民治黄以来，全局获各类科技奖励与创新成果1 225项，其中3项获国家科技奖励。被水利部、黄委和山东省委、省政府表彰的先进集体就有200多个，被评为黄委以上劳动模范或先进生产工作者的有近600人。文明单位创建率由"十五"末的92%提高到96%。济南泺口标准化堤防、东平湖戴村坝水利工程和齐河南坦"红心一号"吸泥船诞生地被黄委命名为"黄河爱国主义教育基地"。2012年12月淄博河务局成为"全国文明单位"。

故都水韵

因境内淄水博山而得名的淄博市，是齐国故都、鲁中名城。

淄博市是沟通中原地区和山东半岛的咽喉要道，是山东省重要的交通枢纽城市，也是国务院批准的山东半岛经济开放区城市和具有地方立法权的"较大的市"。面积5 965平方千米，总人口423万人，辖张店、淄川、博山、周村、临淄5个区，桓台、高青、沂源3个县,1个国家级高新技术产业开发区和1个省级文昌湖旅游度假区。市政府驻地张店是全市的中心城区。

▲ 蒲松龄故居

▲ 淄川柳泉

▲ 齐国历史博物馆

▲ 车马坑

▲ 淄博国际陶瓷博览会开幕式

淄博历史悠久，是齐文化发祥地。古城临淄为春秋五霸之首齐国的故都，曾是"巨于长安"的海内名都；齐国最早兴起蹴鞠运动，临淄被国际足联认定为世界足球起源地。中国历史上第一本手工业方面的专著《考工记》、第一本农业方面的专著《齐民要术》以及最早阐述服务业的专著《管子》都是在这片土地上写成的。齐文化具有开放进取、兼容并蓄的特质，是中华文明的重要渊源之一。

改革开放以来，淄博经济社会发展迅速，经济实力日益增强，是全国16个工业经济过万亿元的城市之一，跻身全国城市综合经济实力30强。2012年全市完成生产总值3 557.20亿元，境内财政总收入518亿元。

作为近代中国工矿业开发较早的地区之一，淄博工业发展已有百年以上历史。淄博是全国重要的石油化工、医药生产基地和建材产区，被命名为中国陶瓷名城、新材料名都、国家级新材料成果转化及产业化基地、国家火炬计划生物医药产业基地、国家火炬计划功能玻璃特色产业基地、国家泵类产业基地和国家先进陶瓷产业基地。淄博拥有30个中国名牌产品，43个中国驰名商标，11家中华老字号。

▲ 淄博黄河险工

　　淄博全市多年平均水资源总量12.02亿立方米，地下水资源量9.45亿立方米，人均占有水资源可利用量346立方米，相当于全省人均占有量的73％，全国的15％。

　　黄河由高青县的黑里寨镇进入淄博市，从寨里孙控导出市，所辖河段长45.60千米，属典型的弯曲型窄河段，河道平面特征呈倒"S"形，目前河床已高出背河地面3～5米，成为典型的"地上悬河"，防洪形势十分严峻。

　　淄博黄河防洪工程主要有堤防、险工、控导、涵闸、顺堤行洪防护工程，现有临黄堤防长46.92千米。自1883年（清光绪九年）两岸建官堤起，经过十几次大的修堤活动，形成现在的堤防，至今130余年。

　　自1946年人民治黄以来，在党和政府的领导下，经淄博市人民尤其是高青县广大人民群众和治黄职工的艰苦努力，初步建成了由堤防、河道整治工程——险工、控导工程组成的防洪工程体系，为战胜历年来的各类黄河洪水奠定了物质基础。每年汛期，淄博市沿黄的高青县和非沿黄的桓台县组建5万人的群众防汛队伍，常备不懈，随时待命，抗洪抢险。凭借防洪工程和"人防大军"，战胜了历次洪水，保证了60多年伏秋大汛不决口，谱写了人民治黄史上岁岁安澜的新篇章。

　　2008年10月，淄博黄河标准化堤防主体工程全线完工，共完成土方

⬆ 山东黄河河务局周月鲁局长（右三）视察淄博黄河

590.79万立方米，石方0.32万立方米，硬化堤顶路面33.51千米，完成投资近2亿元。工程建设完成后，形成了完善的黄河防洪体系和生态体系，集防洪保障线、抢险交通线和生态景观线于一体，改善了当地交通状况、生态环境，为确保淄博人民群众生命、财产安全奠定了坚实基础。

⬆ 堤防美景入画来

▲ 工程面貌焕新颜

▲ 淄博黄河防汛演练

淄博市现有黄河滩区面积45.73平方千米，耕地5.40万亩。有滩内村庄17个，人口5 355人。经过多年建设，滩区村庄全部修筑了避水台或围村堰，消除了滩区群众的后顾之忧；滩区用水条件和滩内道路都得到很大改善，促进了滩区经济社会的发展。

⬆ 供水渠道

淄博河务局积极开发利用黄河水利资源，为工农业生产和人民生活服务。淄博市有引黄涵闸2座，设计供水流量65.30立方米每秒，引黄灌溉面积64.70万亩。自淄博市有供水记录以来，累计引黄供水30多亿立方米，淤改土地8万余亩，对淄博沿黄地区粮棉连年增产丰收起到了决定性作用，为淄博市的工业生产及生活用水提供了可靠、宝贵的水利资源，促进了国民经济的持续发展。

⬇ 闸区全景

▲ 淄博黄河段被评为国家水利风景区

☞ 延伸阅读

淄博黄河河务局历史沿革

1990年成立淄博黄河修防处时，下辖高青黄河修防段和四宝山石料收购站两个单位，并与高青黄河修防段合署办公。

1991年2月24日，淄博市黄河河务局和高青县黄河河务局分级建制。

1992年6月4日，淄博市局及高青县局机关由高青县刘春家（黄河险工处）迁往高青县城黄河路94号新址办公。

1999年2～3月，淄博市局进行了机构改革，淄博市黄河河务局与高青县黄河河务局实行合署办公，一套机构，两块牌子。

2002年10月，在机构改革中，淄博市黄河河务局与高青县黄河河务局分署办公。

2002年11月，市、县局分设，翌年5月市局驻地由高青县城迁址到淄博市张店区。

淄博河务局的设立，是淄博市渴盼黄河水的见证。在1989年之前的行政区划上，淄博市并不濒临黄河。淄博市地势南高北低，区内水资源缺乏。作为老工业城市，淄博经济社会发展非常快，水资源短缺成为制约发展的瓶颈。

为此，淄博市把目光投向黄河。山东省人民政府提请国务院调整山东省部分地市行政区域，1989年12月2日，国务院批复同意将惠民地区的高青县划归淄博市管辖，至此，齐国故都与古老黄河紧密相联。

根据山东省行政区域的调整，黄河水利委员会1990年1月19日批准成立山东黄河淄博修防处，作为黄河水利委员会山东河务局在淄博市的派出机构，在黄河淄博段内行使水行政管理职能，实施综合治理与开发；高青修防段和四宝山石料收购站划归淄博修防处管理，淄博修防处与高

▲ 淄博修防处成立大会

青修防段合署办公。同年12月，更名为淄博市黄河河务局，所辖高青修防段更名为高青县黄河河务局；2004年9月，淄博市黄河河务局更名为山东黄河河务局淄博黄河河务局。

自淄博河务局成立以来，其机构设置多次出现调整和变更。

随着淄博市局机构设置的调整和变更，其下属单位也出现变化，各项事业得到发展。

▲ 淄博修防处成立剪彩

▲ 淄博河务局原驻地（高青县刘春家）

▲ 位于市区繁华路段的淄博河务局办公大楼

☞ **延伸阅读**

淄博河务局所属单位历史沿革

1990年12月，高青黄河修防段更名为高青县黄河河务局，由正科级升格为副县（处）级单位。2004年10月，高青县黄河河务局更名为淄博黄河河务局高青黄河河务局。

1995年5月11日，山东黄河河务局四宝山石料收购站更名为山东黄河工程局淄博机械化施工工程处。1998年9月4日，山东黄河河务局淄博防汛物资储备中心成立，与山东黄河工程局淄博机械化施工工程处机构合一，合署经营，单位性质和隶属关系不变。1999年9月1日，山东黄河工程局淄博机械化施工工程处更名为山东黄河工程局第二机械化施工工程处，整建制划归山东黄河工程局管理。2002年12月19日，山东黄河工程局所属第二机械化施工工程处整建制划归淄博市黄河河务局管理。2007年12月27日，更名为淄博黄河河务局防汛物资储备中心。2011年3月30日，淄博黄河河务局防汛物资储备中心经中央机构编制委员会办公室批准变更为正科级事业单位。

1998年10月8日，淄博市黄河河务局组建成立山东黄河工程局第八工程分局，受淄博市黄河河务局和山东黄河工程局双重领导。1999年3月，作为机构改革试点，淄博市黄河河务局正式成立淄博市黄河工程局，为法人企业，经营范围为水利水电工程。2006年3月获得水利水电工程施工总承包一级资质。

1997年7月2日，山东省防汛指挥部黄河第九专业机动抢险队成立，驻高青县河务局，担负淄博市、邹平县、滨州市（南岸）黄河河段的抢险任务，国有资产和机械设备由淄博市黄河工程局代管。

2005年5月，在水利工程管理体制改革试点中，高青河务局分离为高青河务局、高青黄河水利工程维修养护公司两个单位。同时，设立高青黄河供水处。2005年7月，高青黄河水利工程维修养护公司在当地工商部门注册，更名为淄博瑞诚黄河水利工程维修养护有限公司。2006年6月，在水利工程管理体制改革中，成立山东黄河河务局供水局淄博供水分局。

▲ 淄博黄河建设管理基地

▲ 淄博黄河历史文化展示

作为山东黄河河务局下属的8个市局之一，通过改革发展，目前淄博黄河河务局下属高青黄河河务局、淄博市黄河工程局及淄博黄河养护公司、淄博黄河防汛物资储备中心4个单位。全局共有职工327人，其中在职职工239人。

自成立以来，淄博黄河河务局按照"除害兴利"的总方针和"上拦下排、两岸分滞"控制洪水，"拦、排、放、调、挖"处理和利用泥沙的治河方略，积极践行"治河为民"的治河理念，对辖区黄河进行了大规模的治理与开发，维持了黄河健康生命，以水资源的可持续利用促进经济社会的可持续发展。其间，淄博黄河河务局荣获"全国文明单位"、"全国全民健身活动先进单位"称号，黄河淄博段被评为国家水利风景区，所属高青河务局被评为国家一级水管单位。

▲ 2012年4月，山东黄河河务局局长周月鲁（前左）、淄博市副市长李灿玉（前右）为淄博黄河河务局荣膺"全国文明单位"揭牌

水映淄博

贰

国脉安澜佑民安

国脉安澜佑民安

悬河·窄河

　　黄河过境，在给淄博带来水利之便的同时，也让这片土地平添了一份令人忧思的洪患之虞。

　　自古以来，黄河下游洪水泛滥频仍，"三年两决口，百年一改道"，由此所造成的洪涝灾害在历史上一直被称为"中华之忧患"。处于黄河下游弯曲型窄河段的淄博亦是如此，当地人民开发黄河、利用黄河的实践历程，也是一部与河共舞、驯水除患的抗洪斗争史。

▲泛区灾民背井离乡（1938年）

▲悬河中的悬河

　　黄河干流自河南郑州桃花峪以下被划分为下游段，也是从这里开始，786千米的下游河道高悬于黄淮海平原以上，号称"地上悬河"。山东段河床普遍高于背河地面4～6米，设计洪水位高出背河地面8～12米。淄博河段河床高出背河两岸地面8～10米。洪水到来时，形如即将遭遇"灭顶之危"。因此，它犹如置于人们头顶的一把达摩克利斯之剑，让人望而忧惧。

　　从河道形态看，山东黄河段河道上宽下窄，纵比降上陡下缓，排洪能力上大下小。自东明上界至高村长56千米，属于游荡型河段，两岸堤距5～20千米；高村至陶城铺长156千米，属于过渡型河段，堤距2～8千米；陶城铺至利津长307千米，属于弯曲型窄河段，堤距0.5～4千米（其中艾山卡口宽275米）；利津以下为摆动频繁的尾闾段。淄博河段位于山东段之下游，属于典型的弯曲型窄河段，河道平面特征呈倒"S"形，主河宽400～700米，两岸堤距1 500～2 500米，设计排洪能力为11 000立方米每秒。

既"窄"又"悬"的河道河势，使淄博市黄河防洪形势严峻。根据洪水形势和当地实际，淄博黄河防洪肩负的主要任务是：防御花园口站22 000立方米每秒的洪水，经东平湖蓄滞洪区分洪，控制艾山站下泄流量不超过10 000立方米每秒，确保黄河大堤不决口。在整个黄河流域9省（区）中，山东段黄河防洪任务最重、压力最大，而更下游的淄博段，更是如此。

▲ 艾山卡口

淄博河患

　　历史上，淄博黄河水患时有记载。据民国二十四年（1935年）版《青城县志》记载："光绪二十一年（1895年），河决马扎子，全境尽被淹没，西南两境，地被沙压，沃野变瘠壤，抚今追昔，不胜沧桑之感。"……"全境淹没，城（注：指青城县城）被水围者三月，浸淫冲刷，城坏池平，水平淤垫，城势益低，随处皆可上下，民国十九年（1930年），因楼倾圮，尽行拆除……"在决口涉及范围内（约130平方千米），除口门附近落沙2.00米外，全境114个村庄，19.80万亩土地，落沙0.50~1.50米，平地压沙13 225万立方米，从此"地被沙压，沃野变瘠壤"。

▲ 1958年大洪水到达济南，军民加修子堰

　　20世纪以来，淄博经历的几次黄河大洪水依然让人记忆犹新。1933年洪水、1958年洪水、1982年洪水，均造成了严重的洪涝灾害。1933年洪水，造成黄河下游南北两岸决口50余处，淹没河南、山东、河北和江苏4省30个县，死亡1.27万人。1958年洪水，花园口站洪峰流量22 300立方米每秒，造成京广铁路中断，河南、山东两省200万防汛大军上堤防守，驯服洪魔。1982年洪水，花园口站洪峰流量15 300立方米每秒，造成下游滩区除原阳、中牟、开封三处部分高滩外，其余全部被淹，共淹没滩区村庄1 303个，耕地217.44万亩，受灾人口93.27万人。

☞ **延伸阅读**

　　黄河下游自古水患"多且重"。据统计，从周定王五年（公元前602年）到1938年花园口扒口的2 540年中，下游有记载的决口泛滥年份有543年，决堤次数达1 590余次，形成改道的有26次，正所谓"三年两决口，百年一改道"。历史上黄河决口改道范围北至天津，南达江淮，纵横25万平方千米，洪灾所至，泥沙俱下，饿殍遍野，生产生活长久难以恢复，灾害之重、危害之大，世所罕见。

　　淄博，乃至整个黄河下游水患之所以如此严重，与当地河道河势有关，也与黄河洪水特性、防洪工程基础较差有关。

▼黄河汛期波浪翻滚，金涛万顷，一泻千里

从洪水特点来看，黄河洪水主要由暴雨形成，多集中发生在每年汛期的6～10月。这期间，伏汛洪水多是洪峰高、历时短、含沙量大。如"58·7"洪水、"82·8"洪水，洪峰流量分别达到了22 300立方米每秒和15 300立方米每秒。秋汛洪水多是洪峰低、历时长、含沙量大。如2003年秋汛洪水。无论是伏汛还是秋汛洪水，

都包含了含沙量大的黄河洪水固有特性，"高含沙"是其冲刷力强的一个内在因子，也是黄河洪水预测难、防御难、灾害重的一个重要因素。

防洪工程基础先天不足是淄博防洪保安的一个重大隐患。由于堤防多是在历史民埝的基础上修筑而成的，堤身存在裂缝、洞穴、决口口门等隐患，虽经人民治黄以来多次整修，但在洪汛持续期间，极易出现基础渗水、漏水现象，大堤偎水后就会发生管涌、渗漏、坍塌等险情，若抢护不及，就有发生大堤溃决的危险。

淄博黄河滩区是抵御洪水威胁的一个薄弱环节，也是防汛的重点所在。因为滩区既是河道行洪的一部分，起着过洪、滞洪、沉沙的作用，同时又是部分群众生产生活的重要场所。据2005年黄河滩区社会经济情况调查统计，淄博黄河滩区共5处，总面积43.16平方千米，耕地5.09万亩，涉及5个乡（镇）137个自然村4.81万人（滩内村庄17个，居住5 288人）。如何在大洪水期间，既确保堤防安全，又确保滩区群众财产安全，是长期以来淄博防洪的一个双重考验。

▲▲ 抢修子堤

"96·8" 抗洪

这是黄河下游历史上有记载以来的最高洪水位。在"96·8"洪水期间，下游各站洪水位均超过或接近历史最高值，花园口站8月5日出现94.73米的历史最高洪水位，山东段孙口、泺口两站也达到历史最高洪水位，高村、艾山、利津三站达到历史第二高水位。

自1996年7月31日开始，黄河中游普降中到大雨，局部暴雨。其间，三花间干流连续降中到大雨、暴雨到大暴雨，伊、洛、沁河各支流也降雨不停，小浪底站于8月4日2时最大流量达5 000立方米每秒，伊、洛河黑石关站4日10时洪峰流量1 960立方米每秒，沁河武陟站5日6时洪峰流量1 500立方米每秒。小浪底、黑石关、武陟站三站洪水汇合，形成了该年度第一号洪峰，8月5日14时花园口站洪峰流量7 600立方米每秒，水位94.73米，为历史最高洪水位。

降雨不止，洪峰叠加。8月8日至9日，黄河中游山陕区间大部分地区降中到大雨，局部暴雨，黄甫川、窟野河、无定河等支流洪水汇入干流后，龙门站10日13时形成11 200立方米每秒的洪峰，在13日4时30分花园口站形成第二号洪峰，流量5 520立方米每秒，水位94.09米。黄河一、二号洪峰分别于10日0时和15日2时进入山东省高村站，流

▲ 洪峰叠加

量分别为6 200立方米每秒和4 470立方米每秒，相应水位63.87米和63.34米。但由于二号洪峰传播速度快于一号洪峰，两个洪峰在孙口站附近汇合，形成单一洪峰向下推进。17日4时30分艾山站洪峰流量5 060立方米每秒，水位42.75米；18日5时48分泺口站洪峰流量4 780立方米每秒，水位32.24米。

▲ 探摸根石

　　8月19日7时洪峰抵达淄博河段。马扎子险工最高水位达23.64米（其上游最近水文站泺口站相应流量4 780立方米每秒），超过警戒水位1.01米，仅比历史最高洪峰水位低0.07米，险工根石台顶水深1.0～1.4米，超历史最高水位持续15天。8月20日10时，洪峰到达刘春家险工，水位20.46米，超警戒水位1.14米，超历史最高水位0.07米，险工根石台顶水深1.5～2.0米，超警戒水位历时17天。洪峰过境期间，淄博黄河控导工程大部分漫顶，水深达0.1～0.6米。

　　淄博黄河滩区8月15日21时开始串水漫滩。19日11时，淄博黄河大堤偎水长度达41.09千米，滩内平均水深1.68米，堤根平均水位2.8米，最大水深4.0米。自8月20日开始，先后出现渗水堤段5段，长度达到2 800米。大水漫滩后，洪水淹没滩区面积5.73万亩，其中耕地面积4.54万亩，有16个村庄计5 044人被洪水围困，3 618人转迁，直接经济损失

▲ 洪水期间基干班集结待命

▲ "96·8"洪水期间巡堤查险

4 000余万元。由于高水位持续时间较长，淄博市所辖防洪工程受到高水位的侵袭和冲刷，因此发生险工根石走失、护滩工程坝石蛰陷、坝基土淘刷流失等险情63段80次。

面对洪水险情，淄博市认真落实防汛行政首长负责制，各级行政首长上岗到位，落实责任，现场办公，全面指挥抗洪抢险救灾。根据防洪部署，防汛队伍全面上防，领导干部带班巡堤查险，工程责任到人，定岗定位。在防御黄河一、二号洪峰期间，淄博市委、市政府，淄博军分区等主要领导先后共219人次到黄河一线视察汛情，检查指导防汛工作，深入滩区村庄了解群众迁安救护情况，现场指导抗洪救险，研究部署迁安救护和上堤防守措施，慰问一线抢险职工和滩区受灾群众。

黄河业务部门积极

▲ 编制铅丝笼

当好行政领导的助手和参谋，及时为领导提供汛情、工情、灾情，适时提出决策建议，依据洪水演进情况及出现的问题，及时作出处理。黄河职工充分发挥技术优势，不仅承担重大险情的抢护任务，而且还指导群众队伍防守抢险。

由于此次洪水水位高，来不及搬迁和部分原来认为不需搬迁的群众被洪水围困。各地按照省政府的指示，及时组织人员、船只抢运被围困的群众，妥善安置迁出群众。在各级领导的精心组织下，经过广大党政军民和公安干警共同努力，滩区群众全部安全转移到堤外或迁到村台、避水台上。全市转移到堤外对口安置3 618人，其余就近安置在村台及避水台上，没有一人死亡，对迁出群众生活给予了妥善的安排，成立了临时学校，解决了学生上学问题，防止了传染病的发生等。直至22日下午黄河洪峰安全入海，淄博抗洪取得胜利。

☞　延伸阅读

回顾此次洪水过程，从量级上来看虽属中常洪水，但其水位表现高、推进速度慢、工程偎水长、险情发生多、造成灾害重等特点和影响还是非常罕见。

分析原因，一是洪水水位高。这次洪峰各站洪水位均超过或接近历史最高值，花园口站出现了历史最高洪水位，东坝头以上1855年以前形成的高滩漫水，东坝头以下绝大多数滩地漫水。原因一是1982年以来，来水来沙条件特别不利，黄河下游河道主槽连续淤积。二是传播速度特别缓慢。本次洪峰从花园口至利津传播时间长达369.3小时（以往漫滩洪水传播时间一般是187小时左右）。三是过程集中，两次洪峰汇合快。花园口站一、二号洪峰发生时间相隔近8天，但在孙口站附近河段很快汇合，也属历次洪水所罕见。四是险情多灾害重。原因是河道淤积严重，水位抬高，工程着水面大。同时，此次洪水含沙量低，冲刷能力强，对工程破坏性大。洪水还暴露出防洪工程未达到设防标准、先天不足、工程岁修费严重不足、对洪水危害估计不足、水文测报手段弱、专业机动抢险队数量少、设备不配套等一系列问题，为淄博防洪体系建设提供了反思和借鉴。

华西秋雨

　　2003年，一场多年不遇的华西秋雨，造成了持续时间长达86天的黄河秋汛，历史罕见。

　　8月25日至10月12日，受华西秋雨影响，黄河及泾渭河、伊洛河、沁河、汶河、金堤河相继出现十余次较大洪水。其中泾渭河出现6次洪水过

▼ 黄河秋汛

程，咸阳站发生1981年以来最大洪水，洛河上游出现有实测资料以来最大洪水。由于来水量大，三门峡、小浪底、陆浑、故县水库长时间联合调度运用，连续6次削减洪峰，花园口站9月3日22时最大流量为2 780立方米每秒，10月14日12时高村站最大流量为2 930立方米每秒，10月19日16时利津站最大流量为2 870立方米每秒。洪水期间，同流量水位明显降低，2 000立方米每秒流量相应水位高村以上河段平均下降了0.69米，高村以下河段平均下降了0.52米。

　　与"96·8"洪水相比，这次洪水除发生时间在秋季外，洪峰流量一直较小，这应该归功于小浪底水库的调蓄作用。通过三门峡、小浪底、陆浑、故县四座水库的联合调度运用，黄河下游最大流量控制在3 000立方米每秒以下。据专家分析，如果没有小浪底等水库的联合调度运用，8月下旬至10月将发生6次5 000～6 000立方米每秒的洪水，黄河下游大部分滩区将被淹没，大部分堤防将受到洪水威胁。由此可见，黄河中游小浪底、三门峡、故县、陆浑等干支流四库联合调度运用的减灾作用如何之显。

▲ 抢险

　　虽然10月中旬的洪水与暴雨、大风、低温天气遭遇，加之黄河、汶河洪水遭遇，给抗洪工作带来巨大挑战，但在巨大的工防、人防作用下，工程出险、滩区漫滩得到有效控制。淄博河段部分险工、控导工程相继出现根石走失、坦石下蜇、滩岸坍塌、风浪淘刷等险情，但对于发生的各类险情，地方各级政府及其防汛指挥机构及时组织巡查抢护，做到了抢早、抢小，避免了险情扩大，总体实现了"工程不跑坝、滩区不死人"的目标，确保了防洪工程和滩区群众生命安全。

▲ 研制成功的新型机械抛石器

　　抗洪期间，淄博市各级领导高度重视，各部门密切配合，做到了领导到位、人员到位、物资到位、措施到位，保证了防汛抗洪工作的正常开展，确保了工程安全。同时，根据工程情况，及时调集专业机动抢险队、黄河职工对险工、控导工程进行观测与防守抢险。市、县各级政府及时调集群众防汛队伍参加防守。洪水期间，动用自卸车、装载机、挖掘机、推土机、发电机组、抛石排、捆枕机等实施机械化抢险。特别是实现了文电处理自动化、信息传输网络化、防汛管理网站化，"数字防汛"建设的新成果在抗洪抢险中发挥了重要作用。

◀◀ 抛铅丝笼抢护

👉 **延伸阅读**

　　启示大于实战。2003年抗洪抢险斗争取得了胜利，但也暴露出一些问题。由于多年未来大水，小流量长时间持续，造成主河槽严重萎缩，"二级悬河"形势日益加剧，排洪能力下降，河道水位表现偏高，漫滩几率增加；堤防未淤背河段易出现渗水、管涌等险情；险工、控导工程坝岸缺根石多、易出险，尤其是新修工程易出大险。而黄河防汛交通道路存在的问题更为突出，由于当时堤顶大部分没有硬化，一遇大雨，难以通行，而且与公路连接的上堤道路少，标准低。通往控导工程的道路基本上是土路，阴雨天气，抢险车辆无法通行。另外，防汛岁修经费还停留在20世纪80年代初的水平，与实际需要相差太远，造成一些急需维修的工程、仓库等无法维修，防汛工作不能正常开展。防汛抢险仍然沿用十多年前比较低的老定额，不能满足防汛抢险经费需求。抢险物资储备种类少，储备数量不足，其中砂石料、编织布等最明显，库房布局不合理、危房多，防汛物资存放、运输困难。群众防汛队伍组织、训练困难，查险、抢险能力不足，专业抢险队队员年龄老化。黄河防汛通信网络带宽不足，信息传输质量较差；基层单位通信拥挤和保障手段单一，普遍存在着一旦通信出现故障中断，没有其他保障手段可用。抢险现场信息传输存在空白，抢险现场信息不能及时反馈，造成抢险情况不明，影响抢险指挥，等等。这些也是新时期淄博黄河防汛亟待解决的问题。

冰封记忆

　　黄河凌汛是北方河流特有的现象，历史上黄河下游凌汛严重。由于凌汛发生时天气寒冷，防护抢险十分困难，因此凌汛被历朝历代视为人力无法抗拒的"天灾"，史有"凌汛决堤，河官无罪"之说。一旦发生凌汛决口，人民生命财产往往遭受惨重损失。

▼ 1969年黄河济南段形成冰山

❋ 背景链接

20世纪90年代以来，黄河下游比较典型的防凌斗争有三个年度：

1992～1993年凌汛期，这一年全河封河23段，总长180千米，封冻上首到德州市齐河潘庄险工。局部河段水位壅高，梯子坝壅高1.29米，清河镇壅高1.23米。封河段水位较封河前抬高1.5米左右，其中齐河韩刘站抬高2.86米，河水壅高，带来凌汛威胁。

1996～1997年凌汛期间，冷空气活动频繁，河道流量较小，山东黄河出现三封三开的严重凌情，全年封河总长度233千米。由于封冻段基本为插凌上排立封，各河段水位均有不同程度的壅水，泺口至清河镇河段平均抬高0.67米。

1999～2000年，受来自西伯利亚的较强冷空气影响，山东沿黄地区气温大幅度下降。由于气温低、流量小，水温下降快，12月19日16时首次在利津王庄险工封河，封河发展迅速。在封河期间，引黄渠道因卡冰阻塞而停止引水，从而导致封冻河段上游来水量剧增，再加气温大幅度回升，封冻段冰质变弱，造成水鼓冰开。25日15时前后大流量水头到达利津五庄控导工程，形成长10千米的流冰段，冰凌相互挤压、堆积，几分钟时间就形成5米多高的冰堆，大块冰凌把已拆除的五庄浮桥的浮桶撞破。封冻河段水位一般升高1.5米左右。此次封河迅速，开河快，从封河到开河共八天时间，封河四天，开河四天。

小浪底水库投入运用后，下游凌汛威胁基本解除。虽然如此，但防凌依然是淄博市每年的常规工作和必修课。

防凌同黄河防汛一样，实行行政首长负责制。特别是根据黄河自结冰到开河所经过的淌凌期、封河发展期、封河稳定期、开河期四个阶段的不同特点，制定了相应的处置措施：

● 淌凌期。市、县黄河防汛办公室及时掌握气象、水情、凌情变化，做好凌情分析工作。每年11月下旬起，冰凌观测组要按要求认真进行测报，发现冰凌堆积或有封河迹象时，及时上报，清除河道内和滩区的行洪障碍，拆除河道浮桥；做好引黄闸的检修、测试工作，保证启闭灵活。

● 封河发展期。市、县防汛抗旱指挥部要加强对防凌工作的领导。黄河防汛办

▲ 大河冰封，2011年淄博马扎子险工

公室及时掌握水情、凌情、工情变化，并向上级报告。当水位上涨较快，凌情较为严重时，分管黄河防凌的行政首长到位指挥防凌工作。各冰凌观测组按《山东黄河冰凌观测规定》实施观测，重点掌握封冻上首、段数、长度及冰水漫滩的地点、时间、范围、堤根水深等情况，并按时上报。黄河封冰河段壅水较严重时，要加强工程防守。防守力量以黄河职工为主，执行班坝责任制，发现险情及时抢护。漫滩偎堤堤段，可据情调用部分基干班上堤防守，并加强巡堤查险。专业抢险队要做好抢险的一切准备。当出现冰坝、冰塞、冰桥时，行政首长到

▲ 淄博河段凌情

黄河防汛办公室或现场指挥，调集更多的防凌队伍上堤防守抢险，并视情请求部队支援防凌斗争。

●封河稳定期。凌情变化较小，是相对安全期，应抓紧有利时机，进一步落实各种防凌工具、料物；加强基干班、抢险队防凌抢险技术培训和演习。

●开河期。黄河下游凌汛最易发生险情，开河分为"文开河"和"武开河"两种开河形式，对此应采取不同的措施。在各类防凌保障方面，要求市、县防汛抗旱指挥部在凌汛期坚守岗位，按防凌的要求检查落实各项准备工作。各级黄河防汛办公室要严明纪律，当好行政首长的参谋和助手，掌握凌情动态，及时向行政首长报告，提出科学、可靠的预筹方案和应急措施供领导决策。在物资保障方面，防凌物资按照国家、集体和群众三结合的原则备足备齐。同时，做好通信、大型抢险设备等各类工具、设备保障，以供抗凌斗争之需。

▲ 测凌

▲ 河道凌情

▲ 巡查凌情

治河丰碑

防洪工程是御水保安的基础屏障，也是淄博人民治河丰功伟绩的见证。1946年人民治黄以来，淄博黄河初步建成了由堤防、河道整治工程（险工、控导工程）组成的防洪工程体系，为战胜历年来的各类黄河洪水奠定了

▲ 马扎子险工

物质基础。

2002年黄河调水调沙实施以来，黄河下游河道主河槽得到有效冲刷，行洪能力大为提高，防洪保安能力进一步增强。

现状淄博市黄河防洪工程主要包括堤防、险工、控导、涵闸、顺堤行洪防护工程等，形成了种类不同的

▶▶ 平整的临河堤坡

▲ 控导工程

❀ 背景链接

黄河下游防洪工程体系

　　1946年人民治黄以来，黄河先后建成了以干支流水库、堤防、河道整治工程、分滞洪区为主体的"上拦下排、两岸分滞"的防洪工程体系。上拦工程有：干流的小浪底水库、三门峡水库以及支流伊河上的陆浑水库、洛河上的故县水库。下排工程主要有：黄河两岸大堤、支流堤防和河道整治工程。两岸分滞洪工程有：东平湖水库、北金堤滞洪区、封丘倒灌区、齐河展宽区（北展）、垦利展宽区（南展）、大功分洪区等。

工程防洪体系。其中，包括临黄堤防46.92千米；险工2处，坝岸51段，工程长3 200米；控导护滩工程7处，坝垛岸144段，工程长12 825米；顺堤行洪防护工程1处，丁坝10道，工程长2 900米。

　　回溯历史，淄博黄河堤防始建于1883年。1949年中华人民共和国成立之前，共进行了六次堤防培修。1950年至1983年进行了三次大修堤。淄博黄河现行堤防（下游）设计标准，高程为2000年设防水位加超高，顶宽为12米。

▲ 淄博黄河标准化堤防

新中国成立后，黄河下游在修建堤防的同时，普遍大力整修强化险工，实现险工石化，提高了工程抗洪能力，并完善险工布局，与护滩工程相互配合，发挥稳定河势、控导主溜的作用。淄博段河道因为弯曲狭窄，所需险工和坝岸数量较多。目前比较知名的有马扎子险工和刘春家险工。这些险工所处位置，也正是洪水威胁最多、防御压力最大之地，历史上多是发生过决口的地方。

◀◀ 刘春家险工

▼ 险工改建

控导工程是控制河势、稳定河道、保滩护堤的第一道防线。自1950年在黄河河道内修做固滩箔、柳坝开始，历经60多年的建设，淄博黄河河道共修做控导工程7处，比较重要的有大郭家控导工程、孟口控导工程、北杜控导工程、翟里孙控导工程。

▲ 北杜控导

☞ **延伸阅读**

放淤固堤

　　放淤固堤是黄河下游堤防建设的重要举措之一，开始于20世纪70年代，是黄河下游治理的创新实践，也是黄河职工治河生产中的一项重要发明。它主要是自制简易冲吸式挖泥船，利用高压水流破坏河床土体形成泥浆，从河道中抽取泥沙，利用水流的挟沙能力和水力管道的输送能力将泥沙输送至大堤背河侧沉放，目的就是通过加大堤防的宽度，延长渗径，从而提高堤防的强度，确保黄河下游的防洪安全。这一方式在治河生产中被称为"机械淤背固堤"，又简称"机淤"。1974年，国务院批准将机淤固堤列为基建项目。黄河上的放淤固堤，从一开始的自流放淤到机械放淤，生产设备不断更新发展，所使用的施工机械主要有：简易冲吸式挖泥船、绞吸式挖泥船、组合水力冲挖机泵，以及2000年以后使用的电泵平台并联式清淤设备（简称DPB清淤设备）。除放淤固堤外，锥探灌浆、帮戗固堤、堤防截渗等也是下游黄河堤防建设的重要措施。

人防体系

黄河防汛自古即有"四防二守"之说（"四防"为风防、雨防、昼防、夜防，"二守"为官守与民守），说明在工程基础之外，人防的重要作用。明代治河名臣潘季驯曾提出："河防在堤，而守堤在人，有堤不守，守堤无人，与无堤同矣。"

目前，淄博黄河抗洪依靠不断健全完善的行政组织体系、制度体系、队伍体系、物资体系等，构筑成抗御洪魔的"铜墙铁壁"。

根据《中华人民共和国防汛条例》，淄博市设有专门的防汛指挥机构，1996年更名为淄博市防汛抗旱指挥部（以下简称淄博市防指）。由淄博市市长任指挥，副市长、军分区副司令员、驻军首长、市政府

▲ 防汛抢险演习

副秘书长、市农委主任、河务局长、水利局长和建委等部门负责人任副指挥，公安、武警、气象、电力、邮电、农业、商业、交通、卫生、民政、林业、广播电视等部门负责人为成员。市防指下设黄河防汛办公室，设在淄博黄河河务局，负责黄河防汛的日常工作。防汛指挥部负责组织开展各项防汛准备工作，落实各项度汛措施，洪水到来时，组织领导本辖区的黄河抗洪抢险斗争。

淄博黄河河务局防汛办公室负责黄河防汛日常管理，也是市防指下设的黄河防汛办公室负责处理日常工作的常设机构。1999年前，市河务局防汛办公室与市河务局工务科合署办公，为两个机构一套人马，防汛办公室无单独编制。1999年机构改革时，市河务局防汛办公室正式成立。2002年机构改革时，市、县局分开办公，均设立独立的防汛办公室。非汛期防汛办公室负责处理黄河防汛管理的日常工作、技术准备等。出现大洪水时，对全局机关人员进行统一分工与安排，成立指挥、综合调度、水工情、物资供应、后勤保障等组织。

▲ 防汛指挥中心落成

▲淄博市委书记周清利（右四）到黄河一线视察

▲李振玉局长（中）察看河势

❀ 背景链接

　　黄河防汛办公室的职责：贯彻执行国家有关防汛方针、政策，上级和本级防指的命令、指示；根据黄河防洪总体要求，结合辖区内的工程状况，制订防御各级洪水预案和抢险方案；负责辖区内工程建设、维护和管理；组织做好防汛宣传和工程检查；及时掌握防汛动态，随时向上级和有关部门通报气象、雨情、水情、工情、灾情和抗洪抢险等情况；分析洪水形势，预测各类洪水可能出现的问题，提出处理意见；协调并督促检查各部门防汛工作；负责国家储备的防汛物资调配与管理；做好防汛总结，推广防汛先进经验。市黄河防汛办公室主任由河务局分管防汛工作的副局长担任，市黄河防汛办公室副主任由河务局防汛办公室主任、副主任担任，市黄河防汛办公室实行成员单位制和防汛例会与会商制度。防汛准备阶段和汛期定期召开防汛例会，研究分析防汛工作和汛情，解决防汛工作中的问题，并形成会议纪要，逐项落实。

▲ 汛期抛枕护岸

▲ 水法规宣传活动

　　1990年以来，淄博黄河防汛制度化建设日益完善。其间国家及山东省先后颁布或修订了《中华人民共和国水法》、《中华人民共和国防汛条例》、《中华人民共和国防洪法》、《山东省黄河防汛条例》等法律法规，淄博市人民政府办公厅发布了《淄博市黄河防汛职责》，对各级人民政府行政首长、防汛抗旱指挥部及其成员单位的职责做了明确具体的规定。

☞ **延伸阅读**

淄博黄河防汛制度体系包括以下十一个部分：

序号	名　称	内　　容
1	新闻发布制度	各级黄河河务部门均建立新闻发言人制度，洪水期间代表各级黄河河务部门向新闻界和公众发布黄河流域水雨情信息、黄河洪水预报、黄河防洪工程查险抢险信息、黄河防洪指挥调度信息、黄河防洪物资调运信息、黄河洪水漫滩信息、滩区群众迁移安置信息等
2	防汛例会、会商制度	各级均建立防汛抗旱指挥部防汛会议和黄河防汛办公室例会制度。各级防汛抗旱指挥部每年4~5月召开本行政区黄河防汛会议。市、县黄河防汛办公室每年3~4月召开本行政区黄河防办主任会议。汛期各级黄河防汛办公室每星期召开一次防汛例会，特殊情况临时确定
3	防汛检查考核制度	主要根据黄河防汛工作检查评比办法，对防汛准备、防汛工作等进行检查考核
4	洪水调度责任制	主要根据《黄河防汛总指挥部洪水调度责任制（试行）》、《黄河防汛总指挥部办公室防洪指挥调度规程（试行）》，明确黄河下游花园口站4 000立方米每秒以下洪水，预报花园口站发生4 000~8 000立方米每秒、8 000~15 000立方米每秒、15 000~22 000立方米每秒、22 000立方米每秒以上洪水五种情况下的调度内容、调度程序、调度措施
5	防洪工程抢险责任制	规定堤防工程和险工、控导和涵闸工程（达到或超过警戒水位后）查险，由所在堤段县、乡人民政府负责组织，群众防汛基干班承担，当地黄河河务部门岗位责任人员负责技术指导，明确了黄河防洪查险、报险、抢险的程序和方法
6	防汛督察制度	根据《淄博市黄河防汛工作督察办法》，防汛督察由各级防汛抗旱指挥部组织实施，也可由各级防汛抗旱指挥部委托本级黄河防汛办公室组织实施。督察的内容主要是防洪工程措施和非工程措施的落实情况。分汛前督察、汛期督察和汛后督察

序号	名　称	内　　容
7	汛情、灾情报告制度	汛期（包括凌汛期）每周一将一周防汛动态书面报市黄河防汛办公室，重大情况随时上报；一般情况下每年6月15日前将防汛准备情况、11月10日前将防凌准备情况书面报告市黄河防汛办公室；10月底和翌年3月底前分别以书面形式报告防汛工作总结和防凌工作总结。报告内容分为汛前准备、汛期防汛工作、汛后总结三部分
8	黄河防汛工作纪律	各级黄河办公室均制定了严格的防汛工作纪律。汛期，要求各级防办工作人员严阵以待，提高警惕，坚守岗位，履行职责，熟悉防汛情况，积极承担防汛任务
9	防汛值班制度	值班时间：伏秋大汛期6月15日至10月31日，凌汛期12月1日至翌年2月底。值班期间要求做到24小时不间断。防汛值班人员必须是各级黄河防汛办公室的专业技术人员，并于汛前完成上岗培训
10	办公设备管理制度	防汛办公设备主要包括计算机网络设备、防汛大屏幕系统、微机、传真机、打印机、复印机等。各级黄河防汛办公室均建立了办公设备管理制度，实行定人定机管理，逐一落实防汛办公室设备管理责任制
11	行洪障碍监管责任制	汛前县局成立以分管局长为组长的行洪障碍监管领导小组，领导本辖区行洪障碍监管工作。各河务段成立观测组，具体负责行洪障碍监管工作，熟悉本辖区现有行洪障碍情况，包括行洪障碍长度、宽度、高度、位置等。监管人员每周检查一次行洪障碍情况，发现情况及时处置

　　按照"专群结合，军民联防"的原则，淄博防汛队伍由专业队伍、群众队伍、中国人民解放军和武装警察部队三部分组成。

　　●黄河防汛专业队伍，根据承担的任务和技术装备水平分为专业机动抢险队、专业抢险队和工程管理班等。专业机动抢险队是专业队伍中的精锐部分，由县河务局或工程局抽调技术骨干和青壮年组成，机械化装备相对精良，技术水平高，调遣快速灵活，机动应变能力强，主要承担远距离、重大险情抢护任务。目前在淄博高青县局组建了1支专业机动抢险队，编制为山东黄河第九专业机动抢险队，隶属山东省防汛抗旱指挥部，驻高青县刘春家。黄河专业抢险队主要由县河务局职工组成，县黄河防汛办公室负责组织和管理，汛期接受县防汛指挥部和黄河防汛办公室的指挥和调配，承担本县区范围内的工程抢险任务。2006年在淄博河务局养护公司组建了1支养护企业职工抢险队。工程管理班，平时负责险工、控导工程的日常管理维护，洪水期间负责防守、查险和抢险。县河务局每处险工、控导工程均实行班坝责任制，任务落实到班到人，严格按工程管理规范要求进行工作。

⬆ 防汛抢险演练

● 群众防汛队伍，作为黄河抗洪抢险的主力军，担负着洪水期间防洪工程的巡查、防守、抢险和料物运送等任务。群众防汛队伍分为基干班、抢险队、护闸队和预备队。基干班是堤线防守的基本力量，洪水漫滩后，进行巡堤查险和抢险；抢险队是防守、抢险的机动力量，中常洪水时进行一般险情的抢护，大洪水时协助专业队伍和解放军进行重大险情的抢护；预备队负责各类防汛料物的运输和供应等，并作为紧急情况下防汛抢险的后备力量。1995年后，市政府和淄博军分区开始对群众防汛队伍的组织管理进行改革，建立了民兵黄河抢险队，一线群众防汛队伍实行"军事化"管理和建立企业黄河抢险队等。

●人民解放军和武装警察部队，是黄河抗洪抢险的坚强后盾，沿黄军分区，县（市、区）、乡（镇）人民武装部，参与群众防汛队伍的"军事化"管理和队伍的组织训练工作，并安排一定数量的民兵应急小分队，投入黄河防汛准备和抗洪抢险工作。

▲ 组建市直单位抢险队

黄河防汛物资主要由国家常备防汛物资、社会团体储备物资和群众防汛备料三部分组成。

●国家常备防汛物资，由国家安排经费筹集，实行定额管理。按照定额储备的防汛抢险主要物资为：石料、铅丝、麻料、木桩、砂石反滤料、篷布、袋类、土工织物、发电机组、柴油、汽油、冲锋舟、抢险设备、查险用照明灯具及常用工器具等。

●社会团体储备物资，是由本区域内机关、企事业单位、社会团体为黄河防汛筹集和掌握的防汛抢险物资，主要包括各种抢险设备、交通运输工具、救生器材、发电照明设备、铅丝、麻料、袋类、篷布、木材、钢材、水泥、砂石料及燃料等。

●群众防汛备料，指沿黄村庄或农户自有防汛抢险物资，

▲ 整理备防石

▲ 维护防汛物资

▲ 研制的新型避雷装置在全河推广

主要包括抢险工器具、各种运输车辆、树木及柳秸料等。社会团体和群众备料采取"汛前号料、备而不集、用后付款"的办法由各级人民政府根据当地防汛任务和防洪预案的要求确定，并由各级防汛指挥部负责组织落实。每年汛前，凡有储备任务的责任单位按规定要求逐项登记造册，报当地防汛指挥部。沿黄县（区）、乡(镇)防汛指挥部和县河务局、基层河务段都组织一定人员，深入备料单位和村庄、农户，进行登记挂牌工作，对其存放地点、数量、质量、交通状况、发运能力等进行实地检查落实。

☞ **延伸阅读**

淄博黄河防汛信息化建设

随着现代信息通信技术的高速发展，自1992年至2002年，山东黄河通信网进行了大规模的现代化建设。淄博河务局自1994年8月开始，对通信网进行逐步更新建设，通信系统基本覆盖了淄博黄河大堤和护滩控导工程，通信网由过去以架空明线为主的有线传输与供电人工交换的模拟通信，升级为传输数字微波化、交换数字程控化，辅以无线接入、集群移动通信、计算机网络等多种通信手段相结合的现代化通信专用网。随着淄博黄河防汛指挥中心大楼的投入运用、"数字黄河"工程建设，目前实现了淄博局、高青局和管理段三级通信、水情网络、办公自动化信息共享，省、市、县局三级共享水雨情译电系统、云图接近系统、防汛指挥调度系统及防汛网站、水情网站信息发布系统等，在近几年防御黄河洪水中发挥了巨大的作用。

◀◀ 淄博黄河防汛现代化通信设备

　　大河安澜铸丰碑。在党中央、国务院，以及国家防总、黄河防总、省防指和地方各级党委、政府的领导下，依靠日益完善的黄河防洪工程体系和强大的人防力量，淄博黄河岁岁安澜，谱写了人民治黄新篇章，保障了淄博市改革开放和现代化建设顺利进行，共同迎来人水和谐、科学发展新征程。

▼ 安澜

叁

浓墨重彩水文章

浓墨重彩水文章

名城之渴

丽日高照下，大芦湖湿地保护区，雨滴莲叶，鱼跃水面，鹭舞蓝空，一派诗意盎然的湿地景色映入游人的眼帘。

▼鹭舞蓝空大芦湖

　　散射着原生态魅力的大芦湖湿地保护区位于高青县东北部，总面积4 000余公顷，是我国北方典型的内陆湿地。作为引黄供水的调蓄水库，她同时又是淄博市的重要水源地，也是透视淄博引黄事业的一个美丽窗口——

　　位于山东省中部的淄博，是齐国的故都，历史悠久，文化灿烂。然而，淄博又是一个水资源严重匮乏的城市，全市人均水资源可利用量仅346立方米，属于全国110个严重缺水的城市之一。大气降水是淄博市特别是淄博中南部地区地表水和地下水的主要补给源。黄河和小清河是淄博市北部地区的主要客水资源，小清河虽然常年有水，但因过流量较小和污染较重，利用价值不大，黄河也就成为境内唯一可利用的客水资源。

▲ 黄河是淄博境内唯一可利用的客水资源

　　水资源本来就匮乏，到了20世纪80年代，连续的干旱少雨年份，使得淄博的用水形势更为紧张。地下水源得不到有效补充，各主要水源地地下水水位大幅度下降，部分水源地形成了漏斗区。特别是1989年的特大干旱，造成内河河道断流，水库塘坝干涸，4 000多眼机井报废，淄博最大的水源地——大武水源地地下水水位骤降，全市近20万人吃水告急，部分企业停产，国家特大型企业齐鲁石化公司也面临停产的威胁。水资源供需矛盾达到了空前紧张的局面，水资源短缺已经成为制约淄博经济社会可持续发展的关键性因素。

▲ 齐故城排水道口

▲ 淄博市引黄供水工程竣工通水

淄博，这个因孕育了齐文化而享誉中外的历史文化名城，长期处于一种严重缺水的饥渴状态。

或许正是由于缺水，在淄博的发展史上，水利建设曾占据着重要的地位，它同源远流长的齐文化交相辉映，吸引着世人的目光。姜子牙封齐，都城就建在淄河之畔，而春秋战国时期，齐国人修建的排水道口兼具城市排水和抵御攻城的双重功能，至今令人称奇。

然而，仅凭一些古老的水利设施，无法根本改变淄博严重缺水的尴尬局面。

淄博人的目光，终于锁定了从淄博北部浩浩淌过的那条黄河。

河乳淄博

　　淄博对黄河水资源的利用，可以追溯至20世纪30年代。

　　1933年2月，山东省建设厅拟定《山东黄河沿岸虹吸淤田工程计划》，拟先在齐东县（今分属邹平、高青县）与青城县（今属高青县）交界处马扎子等5处试办，共计划淤田25.9万亩。同年4月，山东建设厅派员到马扎子进行现场测量。1934年1月，齐东县、青城县分别派员会同建设厅技正曹瑞芝与陆大工厂订立制作直径21吋钢制虹吸管的合同。5月，马

▲ 民国时期建成的虹吸工程

扎子虹吸引黄淤灌工程开工，建设厅派员与两县第四科科长组织施工。10月，工程经验收并投入运行，共试水10日，淤地1 000余亩，平均淤厚7厘米，将原卑湿碱卤不毛之地变成肥沃的土壤，工程效益比较显著。但后因经费跟不上，整个淤田计划未能实现。

淄博水资源利用的初期以农田灌溉为主，只有一些抽水机、虹吸等较简单的灌溉设施。

新中国成立后，淄博市的水资源利用不断谱写出新的篇章：

1956年建成刘春家引黄虹吸工程；

1958年建成马扎子引黄涵闸；

1960年建成刘春家引黄涵闸。

依托这几处引黄工程，淄博市高青县先后辟建了刘春家、马扎子两处大型引黄灌区，并配套建设了部分引水工程，连年为高青县60余万亩耕地提供灌溉水源，成为淄博沿黄地区粮棉连年增产丰收的重要保证。

随着经济社会的不断发展，人们对水的需求量越来越大，引水用途也从最初的农业灌溉逐步发展到工业用水、生活用水、生态用水等各个方面，引水规模不断扩大。1987年10月动工兴建引黄过清（小清河）补源工程，1988年12月竣工。这一工程系跨高青、桓台两县调水工程，承

▲ 1987年，刘春家过清补源工程开工

▲ 黄河水浇灌出的国家地理标志商标"高青大米"

担引黄过清补源和沿线灌溉输水的双重任务。

1989年的特大干旱，促使淄博市领导下定了改变淄博缺水面貌的决心，将引黄济淄工程提上议事日程，以最快的速度完成了项目计划任务书及初步设计的编制和报批工作，并于1992年6月得到国家计委批准。

引黄济淄工程本着远近结合、工农兼顾、城乡一盘棋的原则统筹安排，以解决城市生活和工业用水为主，一并解决部分农业用水。引黄供水规模日供水100万立方米，分近期和远期规划，日供水各50万立方米。第一期工程设计规模日供水50万立方米，分两个阶段实施，第一阶段工程设计规模日供水25万立方米。1990年3月开工建设，1993年6月因种种原因停工缓建。2000年10月28日复工建设，历时11个月，完成了引水工程设施、设备的维修、更新和改造，新建大芦湖和新城水库。

2001年之前，淄博市的工业与城乡供水主要用于沿黄县的少数企业和少部分县城生活用水，淄博市区生活用水以地下水为主，黄河水主要作为备用水源，日引黄河水仅2.5万立方米。

2001年9月28日引黄济淄一期工程建成通水，日供水能力25万吨，主要用于齐鲁石化公司、博汇集团、周村蓝雁纺织等大企业工业用水，少部分用于张店区生活用水和桓台县马踏湖生态用水。据统计，自2001年9月工程通水至2012年底，引黄济淄工程已累计供水6.87亿立方米，基本满足了淄博工农业生产和城市生活用水的需要。

2004年底，通过管道供水的方式使距离黄河较远的周村区也用上了黄河水，实现了一种水源，一个工程，多种用途的预期设想。自此，淄博引黄供水由单纯的农业用水向工业、生活、生态用水等多类别发展，淄博引黄供水揭开了新的篇章。

淄博市引黄供水工程的建成应用和不断拓展，有效涵养了大武水源地，使其地下水位大大回升。同时，引黄供水使淄博市改善了投资环境，加快了经济发展，为一批工业项目，如南定热电厂扩建、齐鲁石化72万吨乙烯扩产、山东博汇纸业有限公司30万吨生产线和热电厂扩建、齐鲁化学工业区等一批工业项目的立项或开工起到了积极的推动作用，优质的黄河水为淄博市这一老工业基地的经济腾飞注入了新的活力。

⬆ 新城水库

▲ 优质的黄河水为淄博的经济腾飞注入了新的活力

水是生命之源，生产之要，生态之基。水资源是一个地方经济社会发展的基础。淄博作为山东省3个实施最严格水资源管理制度的试点城市之一，因地制宜，适时调整水资源开发利用保护管理战略，制定了"优先利用客水，合理利用地表水，控制开采地下水，积极利用雨洪水，推广使用再生水，大力开展节约用水"的新决策，并将客水利用置于水资源科学调度和优化配置的首位。黄河作为淄博境内唯一可靠的客水资源，在淄博区域经济、社会和生态建设中占有举足轻重的战略地位。

❋ 背景链接

　　引黄济淄工程全线长70余千米，途经高青县、桓台县、张店区、高新技术产业开发区、临淄区的15个乡镇24个行政村。供水工程自高青县刘春家引黄水闸引水，由沉沙条渠沉沙后，经大芦湖调蓄水库和新城调节水库，送至新城水库泵站，再通过直径2米的钢筋混凝土管道送至新城净水厂，经过净化处理，水质达到国家饮用水标准。通过直径2米的钢筋混凝土管道送至石桥配水厂，再次加氯处理，最后通过直径1.6米的钢筋混凝土管道，按设计向齐鲁石化公司日供水15万立方米，向淄博市自来水公司日供水10万立方米。

▲ 水源地标志

作为淄博黄河的水行政主管部门，淄博引黄事业的主导者，淄博河务局深知自己肩负的使命，在确保黄河防洪安全的同时，高度重视水资源管理与利用，创造性地开展了大量工作。特别是近年来，在山东河务局的正确领导下，淄博河务局认真贯彻《国务院关于实施最严格水资源管理制度的意见》，严格水资源取水许可管理，加强水资源统一调度，完善水资源调度方案、应急调度预案和调度计划。强化用水计划管理，严抓了用水计划的上报、下达与落实，依据审批计划组织有序引水，并对辖区内取水许可执行情况和取水用途进行了跟踪监督检查。组织开展了灌区用水规律及用水效率调研，及时向地方政府通报水情，积极与灌区管理部门、用水企业沟通情况，适时引蓄黄河水，基本满足了淄博市工农业用水需求，同时保持了良好的水资源管理秩序。

引黄供水，为淄博经济、社会和生态建设作出了突出贡献。特别是2012年，实现引水供水突破2亿立方米，其中工业用水8 500万立方米，同时全额收取水费880余万元，供水总量、工业供水量和水费收入均创建局以来历史最高水平，彰显了淄博黄河在淄博经济社会发展中的重要地位与作用。

> ★ 骄人数字
>
> 1990年至2012年，淄博全市累计引黄供水326 656.5万立方米，年均引水14 202.5万立方米，其中工业供水68 663.3万立方米，农业供水253 947.5万立方米。

淄博市的引黄灌溉事业之所以成绩斐然，除有着较成熟的管理体制外，还有着完善的引黄水利工程设施。

修建于20世纪50年代中期的马扎子、刘春家虹吸工程，从50年代后期开始修建的马扎子、刘春家引黄涵闸，还有在黄河滩区修建的9处扬水站（船），各有特色、互为补充，形成了齐全的引黄渠首工程。

▲ 供水涵闸

　　此外就是星罗棋布的平原水库。淄博市引黄水库中最大的就是本篇开头提到的大芦湖和新城这两座水库。

　　大芦湖水库位于高青东部，引黄干渠东侧。水库蓄水水源为黄河，渠首工程为刘春家引黄闸，采用自流和泵站提水两种方式冲库。该工程始建于1999年3月，2000年10月作为引黄济淄工程的调蓄工程实施扩容，2001年9月28日建成使用。近年供水对象主要为山东丽村热电有限公司、山东青苑纸业有限责任公司、淄博钜创纺织品有限公司、山东博汇集团有限公司、高青县自来水公司等企业。2012年水库入库水量850万立方米，出库水量600万立方米。

▼ 大芦湖鸟类翔集

新城水库位于桓台县新城镇与陈庄镇交界处，近年供水对象主要为齐鲁石化公司、山东博汇集团有限公司、南金兆集团有限公司、淄博市自来水公司等大中型企业。2012年水库入库水量5 935.15万立方米，出库水量5 754.61万立方米。

自1998年到2004年，本着"以河建库，一库多用"的原则，高青县的一些乡镇利用境内大型沟渠，投资300多万元，兴建了各类条形水库5座，总库容近200万立方米，有效地调节了引黄水量，提高拦蓄地表水的能力。

此外，从1994年起，高青县还实施了平原调蓄水库建设。

淄博市引黄农业用水主要是高青县农田灌溉用水，目前有刘春家和马扎子两处引黄灌区，刘春家灌区有干渠8条，长62.2千米，干渠节制闸6座，引水口33个；支渠33条，长152.8千米，干支渠排建筑物207座。黄河水通过刘春家闸自流进入引黄干支渠，再从干支渠提水畦灌。2012年刘春家闸实际用水4 968.8万立方米。马扎子灌区有干渠7条，长52.67千米，干渠节制闸6座，引水口7个；支渠37条，长102.5千米，干支渠排建筑物239座。黄河水通过马扎子闸自流进入引黄干支渠，再从干支渠提水畦灌。2012年马扎子闸实际用水5 249.1万立方米。

> ★ **骄人数字**
>
> 目前淄博市共有引黄调蓄水库39座，其中中型水库2座，条形水库5座，小型平原水库13座，坑塘19处，总库容4 732.1万立方米，保证工农业用水及人畜引水。

众多的平原水库和连接其间的渠道，如同一张纵横交织的水网，给淄博市的引黄灌溉带来了极大的便利，也有力地支持了工业与城乡用水。

▲ "高青大米"主产区内，高青县常家镇群众正在引黄河水灌溉稻田

兴淄惠民

　　黄河水在淄博经济的振兴和发展中起着举足轻重的作用，最主要的企业都是用水大户。淄博市工业用水第一大户是齐鲁石化公司，该公司位于临淄区，是中国石化集团的骨干企业。目前，公司拥有大型石油化工生产和辅助装置96套，可生产各类石化产品120余种。2012年引黄用水量为2 693.97万立方米。

　　山东博汇集团有限公司是淄博市工业用水第二大户，该公司位于桓台县马桥镇，是集造纸、热电、化工于一体的大型企业。2012年引黄用水量1 653.27万立方米。

▲ 桓台红莲湖

除保证当地工农业生产及城乡居民生活用水外，从2008年以来，淄博黄河还向桓台县城乡水系、马踏湖湿地、红莲湖风景区和高青县千乘湖进行了生态补水，为淄博的生态文明建设作出了突出贡献。

如若问一个桓台人，如今桓台县哪里最美，他肯定会说，红莲湖。

红莲湖位于桓台县城南，是利用原大寨沟河道滩地和废弃窑湾改造而成的，其水域面积25.9万平方米，突出"生态、人文、休闲"的理念，成为一处体现桓台人文内涵、可持续发展的魅力滨河景观。红莲湖是桓台县城乡水系的一部分，由城区段东猪龙河、乌河、大寨沟及新开挖的北环河共同构成。桓台县城乡水系生态补源始于2008年8月，2008年至2012年共从黄河引水补源11次，共引取2 121.8万立方米黄河水。

除了红莲湖，桓台县还有一个马踏湖，湖区总面积12 425.5公顷，其中水域面积537.3公顷，芦苇荡、荷花塘一望无垠。马踏湖通过刘春家引黄闸和引黄过清干渠引黄河水补源， 2002年生态补源3次，2009年、2010年生态补源各1次，共计补源5次，引取黄河水1 958.9万立方米。从2011年开始，马踏湖由于进行湖区改造暂时没有引水补源。2013年向马踏湖供生态用水1 000余万立方米，改建后的马踏湖风景区已向世人开放。红莲湖、马踏湖风景区是淄博生态文明建设的成功范例。

▽马踏湖美景

在淄博的沿黄县高青，还有一个千乘湖。湖区位于高青县城南部、北支新河中心路至东环路段，长2 260米，是对北支新河开宽加固的一项集环保治污、生态恢复、景观建设于一体的综合性水系工程。2011年首次通过马扎子闸实现千乘湖生态补水，2012年又实施生态补水3次，4次千乘湖生态补水，共引取黄河水1 145万立方米。

▲ 引黄河水而成的千乘湖

黄河水还在当地的抗旱保收中发挥了重要作用。黄河中下游地区近年来屡发旱情，为支援沿黄县乡抗旱保收保种，淄博河务局积极作为，迅速行动，一面积极向地方宣传黄河水质优价廉的特点，提高地方政府和有关企业对黄河水的认识，一面努力完善供水工程及配套设施，提高供水服务水平，促进引水规模不断扩大，为淄博市的经济社会发展和生态文明建设作出了重要的贡献。

管理有方

淄博黄河水资源管理工作始于淄博河务局1990年成立之时，当时淄博河务局的水资源管理由工务科负责，所属高青河务局的水资源管理由工程管理科负责，引黄涵闸由相应河务段（后改为管理段）代管，涵闸启闭、引水引沙计量以及涵闸管理维修等工作，由河务段负责。

1996年1月，淄博河务局水政水资源科独立办公，负责水资源管理工作，管理职责主要包括统一管理山东黄河水资源，负责水资源的保护工作，组织实施取水许可制度，参与制定山东黄河水资源开发利用规划等。水量分配、调度、用水统计和计划用水、节约用水管理、水费计收及管理则仍由工务科负责。1999年3月，淄博河务局与所属高青河务局合

⬆ 淄博市组织人员调研黄河水利用情况

署办公，成立防汛办公室，水量分配、调度、用水统计和计划用水、节约用水管理、水费计收及管理职责划归防汛办公室，水资源管理仍由水政水资源科负责。

2002年11月，成立供水处（后改为供水分局），负责供水协议的签订、供水计量以及水费计收等工作。目前淄博河务局、高青河务局尚未设立专门的水资源管理部门，水资源管理由防汛办公室分级负责，市、县局防办设水资源管理专职人员各1人，兼职人员各1人。

▲ 供水职工测流

自从水资源管理工作开展以来，淄博河务局坚决按照上级的部署和安排，严肃调水纪律，严格用水计划管理，保持了良好的水资源管理秩序。组织开展了灌区用水规律及用水效率调研，及时向地方政府通报水情，积极与灌区管理部门、用水企业沟通情况，适时引蓄黄河水，保证了水资源管理调度科学、规范、有序进行。

严格执行山东河务局下达给淄博市的水量控制指标，为不断深入实施最严格的水资源管理制度营造良好的法制环境。以《国务院关于实施最严格水资源管理制度的意见》印发为契机，强化监管，组织有关人员广泛宣传实施最严格水资源管理制度的相关规定，并对辖区内各个取水口定期、不定期进行了取水许可执行情况巡查，监督检查了水调指令执行情况，重点用水户是否按取水许可的用途取水，有无新建用水项目等。通过监督检查，近年来未发现违规引水、私建取水工程、改变取水用途和无证取水现象。

在涵闸供水期间，专职人员及时通过供水信息管理系统录入上报供水情况，并于每月5日前按时报告上月供水月报和重点用水户跟踪管理情况报表。

▲ 供水职工破冰引水

▲ 水位遥测

淄博市的马扎子灌区和刘春家灌区，分属两个引黄灌溉管理处负责管理。两个灌区农业水费由各乡镇财政所按每亩10元为水务局代收，留成50%用于末级渠系的维修与管理。剩余部分交高青县水务局，水务局再按渠首水价交到淄博供水分局。

根据国务院《关于水利工程管理体制改革实施意见》的目标与原则要求，黄委从2002年对黄河下游引黄供水管理体制进行了改革。同年11月，淄博河务局成立了淄博河务局供水处。随后，淄博河务局与高青河务局分开办公，按照山东河务局批复的淄博河务局职能配置、机构设置和人员编制方案，水资源管理与调度职责划归防汛办公室。

> ### ★ 骄人数字
>
> 2012年山东河务局审批下达给淄博河务局供水计划22 599万立方米，淄博河务局全年累计供黄河水20 664.6万立方米，其中河道外供水20 489.7万立方米（2座涵闸供水20 452.7万立方米，2处淤区扬水站引水37万立方米），河道内7处滩区扬水站供水174.9万立方米。供水分局与用水单位签订供水协议27份，协议水量22 370万立方米，实际供水量占协议水量的91.4%。

▲ 闸室内景

☞ **延伸阅读**

淄博供水分局的主要职责：一是负责淄博黄河供水生产的协调、监督和管理；二是负责淄博黄河各类引水工程（含地方自建自管引水工程）的供水计量和水费计收；三是负责组织淄博黄河供水生产成本、费用管理、核算和水价测算工作；四是负责审查、汇总承担有防汛等社会公益性任务的供水工程投资计划（或部门预算）的编制上报和审批下达，并督促检查落实；五是按照激励机制制定供水生产成本、编制费用计划、制定水费计收奖惩办法，督促足额收取水费；六是按照防汛责任制要求做好引黄涵闸工程范围内的防汛工作；七是负责淄博黄河供水资产的管理及保值增值；八是做好淄博黄河水资源费的收缴工作等。

2005年5月，淄博河务局根据鲁黄电〔2005〕88号文成立了高青黄河供水处，隶属淄博河务局供水处领导，机构编制16人，机关4人，马扎子和刘春家引黄闸各6人，机构规格未予明确。

2006年6月，淄博河务局根据黄委《关于黄河供水管理体制改革的指导意见》和山东河务局批复的《淄博黄河河务局水利工程体制改革实施方案》，撤销了淄博河务局供水处和高青黄河供水处，成立了山东黄河河务局供水局淄博供水分局（以下简称淄博供水分局），下设刘春家闸管所。

黄河滩区高青大米生产基地

供水管理体制改革后，供水单位与水行政有关业务部门的关系为：淄博供水分局负责所辖水闸的管理、运行、调度和保护，保证引黄水闸安全和发挥效益，接受相应主管机关各行政部门的业务指导。淄博河务局防汛办公室是黄河水资源管理与水量调度的主管部门，供水分局负责执行和落实水量调度计划和调度指令。淄博河务局工务科是引黄供水工程建设与管理的主管部门，行使监督、检查、考核和评价等行业行政管理职能。供水分局负责引黄供水工程的日常管理和维修养护，按照防汛责任制要求，做好引黄供水工程范围内的防汛工作。

淄博供水分局的人员由市局人劳部门按照事业单位人员统一管理，人员工资按照事业单位人员标准统一发放，党群关系由市局统一管理。供水财务实行单独核算，设账专人管理，由市局财务科兼管。

⬆ 2011年2月，清理闸前淤泥，供水抗旱

"取" 之有道

▲ 严格水资源管理

1994年3月，根据国务院颁布的《取水许可制度实施办法》，按照山东河务局的要求，淄博河务局有关人员深入开展了首次黄河水资源调查工作，基本掌握了取水工程概况，需要登记发证的范围、对象、分布地点以及取水工程类型、取水方式和数量等基本情况。

1995年5月12日，黄委发出了《关于进一步做好黄河下游直管河段取水登记工作的补充通知》，明确规定了各级黄河取水许可监督管理单位及其具体监督管理权限。

按照黄委和山东河务局的部署，1995年5月，淄博河务局全面完成了管辖范围内的取水许可登记工作，共计登记取水口门11处，填写、审核、审查取水登记表33份，年申请取水量3.5亿立方米。

在1997年取水许可年审过

※ 背景链接

为加强取水许可制度实施的监督管理，促进计划用水、节约用水，1996年7月29日水利部发布了《取水许可监督管理办法》，明确了计划用水管理、节约用水管理、取水许可证年度审验制度、水资源管理统计等一系列取水许可监督管理制度。在这个"办法"的指导下，淄博河务局以取水许可监督管理为核心，采取有效措施，努力做好建设项目水资源论证、取水许可审查、取水许可证年度审验、计划用水、节约用水、用水统计等取水许可监督管理工作。

程中，经黄委同意，山东河务局将取水许可证的有效期一律从1997年12月31日延长到了1999年12月31日，并在"取水许可变更"栏内注明后加盖了"黄河取水许可专用章"。此次取水许可证的换发范围为地表水取水口以及用于非农业的地下水取水口。取水许可管理范围和权限与1995年首次发证时相同。

▲ 供水渠道

　　根据黄委《关于印发2005年换发取水许可证工作安排意见的通知》，山东河务局选择淄博河务局进行了换证试点。淄博河务局水资源管理部门多次深入灌区进行调查，和当地有关部门交流，综合考虑取水工程的取水用途、取水规模、1999年至2004年实际取水情况、用水定额及未来5年的用水预测等因素，按照优先安排城乡生活用水和重要工业用水的原则，向山东河务局提出

▶ 深入沿黄村镇进行宣传

了每一取水工程水量核定初步意见以及核定的理由、情况说明及取水量计算过程等。

截至2005年8月底，圆满完成了新一轮取水许可证换发工作。本轮换证首次对农业和非农业用水进行了分离，明确了工业和生活用水户的许可水量，水权明晰为水资源监管和水权转换打下了基础。另外，为加强对黄河滩区用水管理，2003年由黄委审批了刘春家、内董村、马扎子、南连五村、小安定村、内于村等6处扬水站的取水许可证。2005年7月换证时，新增加了大郭家、孟口、段王3处扬水站的取水许可证。

淄博市共拥有2座涵闸、9处扬水站11套取水许可证。

1999年，国家授权黄委对黄河水资源实施统一管理与调度。在这之前，由于条块分割、多龙管水，缺乏统一的管理调度，枯水期沿黄各地无序引水抢水，严重影响了工农业生产和居民生活。为缓解淄博的用水紧张局面，在当地政府的领导下，淄博河务局加强了水量调度管理，采取了临时分配引水指标、轮灌、关闸调水、派工作组检查、锁闸门等行政措施，虽然收到了一定效果，但并未从根本上解决问题。

▲查验灌区引水情况

实施水量统一调度后，淄博河务局按照"科学调度、精心调度、精细调度、规范调度"的要求，通过采取行政、经济、法制、工程、科技等一系列手段，做好水量调度工作，确保黄河不断流，以发挥有限黄河水资源最大的社会效益、经济效益和生态效益。

为有效处置应急调度和水调指令执行中的问题，淄博河务局成立了由局长任组长、有关部门主要负责人为成员的应急调度工作领导小组，安排了专人进行水量调度值班，负责水调指令的快速传递，及时将黄河水情、险工水位、引水情况等录入上网，落实和反馈指令执行情况，确保水量调度工作有序进行。在水量实时调度管理过程中，要求用水户首先报送用水申请，签订供水协议书，将协议水量上报山东河务局，待山东河务局下达水量调度通知单后，再将落实情况反馈山东河务局，做到水量调度工作有据可查。

▲ 设在黄河大堤上的水资源管理宣传标牌

　　为做好春灌用水和平原水库蓄水，全面了解淄博市雨情、墒情、旱情等综合情况，搞好黄河水量调度工作，使有限的黄河水资源发挥最大效益。淄博河务局组织人员走访了农业、气象部门及灌区、引黄管理单位，对灌区种植结构、平原水库蓄水及春灌用水等情况进行了详细调查，并对调查结果认真分析，为水量调度工作提供了可靠的依据。

　　同时，加强监督，严格检查，维护水量调度秩序。并且按照黄委加快"数字黄河"工程建设的部署，在充分考虑黄河下游引黄涵闸运行安全性和可靠性的前提下，两座引黄涵闸建设了远程监控系统。采用先进的计算机、

▲ 压力灌浆保涵闸安全

自动控制、传感器和数字及视频传输技术，实现了黄河水量总调中心，山东河务局分调中心，市、县河务（管理）局和闸管所现地5级监控，对涵闸的引水信息和运行状态进行远程监测，对闸门的启闭进行远程控制，对涵闸的运行环境和水流情势进行视频监视，为确保黄河不断流提供了先进的技术手段。

　　建局二十多年来，淄博河务局干部职工怀着治理黄河、造福人民的崇高使命，精心管理和使用引黄工程，不断深入实施最严格的水资源管理制度，不断改革创新供水模式，坚决落实水资源开发利用控制、用水效率控制、水功能区限制纳污"三条红线"，加强对黄河水的科学利用，使得原本水资源匮乏的淄博处处草木葱茏，水映蓝天，也为古老的齐都大地增添了无限活力。

　　古老齐都处处绿，为有源头活水来。这个源头，就是滔滔黄河与坚守、奋战在大河之畔的淄博河务局干部职工；这个活水，就是夜以继日流向淄博大地的黄河之水……

▼ 黄河水韵

肆

依法治水大河晏

依法治水大河晏

和谐水政　应运而生

　　中国历代政府多设置水官，主管水政。周代设司空，为我国设置水官之始。在《管子·度地篇》中已有"清为置水官，令司水者为吏"，任务是"行水道、城郭、堤川、沟池、官府、寺舍及州中当缮治者"。

▼安全警钟长鸣　责任重于泰山

秦汉魏晋时期，相继设都水使者、都水台和都水监等水官，专司水政。隋唐以后，历代一般都设水部（司），属工部，为行政职能机构，负责政务；另设都水监，负责堤防、运河施工和管理，为专业性的办事机构。宋代以后在专业管理和行政管理关系上，又多指命沿河地方官员兼管河务，明确地方对河道防洪必负的责任。这种水政体制沿袭到明清。中华民国时期在水利行政主管部内部也设有水政部门。

新中国成立后，各级地方政府设立水利厅（局）统一管理水利行政事务。在统一规划下，内河航运、城镇供水和排水分别由交通和建设部门负责行政管理。过去侧重于水利工程管理，20世纪80年代后期已向水资源全面综合管理发展。

1990年由于行政区划的调整，高青县划归淄博市，经黄委批准，成立淄博市黄河修防处。成立之初，人员少，机构不健全，水政监察机构难以单列。同年3月，山东河务局批准工管科代行水政监察职能。1991年1月，黄河系统机构调整更名，批准淄博河务局建立水政监察处。

为实现水政监察规范化建设的目标，1998年10月经山东河务局批复，成立"黄河水利委员会山东淄博水政监察支队"，组建支队队伍，任命了支队长（由分管水政工作的领导兼任）、副支队长。

▲ 普法宣传长廊

沐风栉雨　扬帆护航

黄河水政执法是治黄事业的灵魂，是促进治黄事业健康、快速发展的核心力量。淄博河务局紧紧围绕"立法、普法、执法"三个关键环节，不断完善黄河河道管理配套规章，进一步加大普法创新力度，着力强化执法与管理，实施最严格的河道管理制度，使水行政执法工作迈上了一个新的台阶，逐步建立了一支装备精良、人员精干、机制健全、作风过硬的执法队伍，促进了淄博黄河各项事业的可持续发展。

❖ 河道管理规范化

淄博河务局充分利用淄博市是国务院批准的较大的市，具有地方立法权的地域优势和法治建设的机遇，深入完善黄河河道管理配套规章。1992年淄博河务局依据《水法》、《河道管理条例》等有关法律法规，起草了《淄博市黄河工程管理办法》。该办法1992年12月15日由淄博市人民政府令第10号发布实施，也是淄博依法管理黄河的第一部规范性文件。后经过6年多的执法实践，多次修订完善。《淄博市黄河河道管理办法》于1998年12月7日经淄博市政府第九次常务会议审议通过，以淄博市人民政府令第3号发布实施，成为淄博治黄史上的第一部地方性规章。

近年黄河治理开发形势发生了很大的变化，淄

⬆ 河道清障

博市提出建设法制政府、推进依法行政、实施依法治市的总体目标。《淄博市黄河河道管理办法》实施十多年，已不能满足新形势的需要，规章的重新修订大势所趋，迫在眉睫。2008年开始，淄博河务局组织力量对《淄博市黄河河道管理办法》进行修订。经过大量调查研究工作，先后六易其稿，相继通过送审、征求意见、修改、会签和审查，自2011年7月1日起正式施行。修订后的《淄博市黄河河道管理办法》强化了河道内非防洪工程建设项目的施工许可及监管，细化了河道管理制度、河道和工程管理范围内违禁

▲ 入户宣传调查

▲ 执法队伍

内容，为黄河淄博段河道开发管理执法提供了操作性较强的法规依据。《淄博市黄河河道管理办法》中明确规定，沿黄各级人民政府在黄河河道阻水片林清除、生态保护工程建设和维护方面，给予资金补助，首开了地方政府给予黄河部门资金补助的先河，成为该办法的一大亮点。

推行执法责任制建设，完善有关规章制度，提高依法行政的能力。2006年淄博河务局开展推行执法责任制建设工作，2007～2008年完成了各阶段的执法责任制建设任务，分解了执法职权，明确了执法责任，实现了岗、责、权的一致。先后制定了执法程序和执法监督管理制度，建立了水行政执法监督检查制度、行政处罚案件集体讨论制度、重大行政处罚备案制度、行政处罚及许可文书案卷立卷标准，以及行政执法责任追究制度等规章制度，实现了执法工作规范化，执法事务程序化，建立了亲民、便民和公开透明的黄河水行政执法体制。

❖ 普法宣传常态化

为推动普法工作深入开展，淄博河务局建立了运转高效的普法领导机构和办事机构，制定了详尽可行的普法规划，组织制定普法工作规范化管理制度，购置普法教材及设备，夯实了普法的基础，整合普法力量、分解执法任务，构建了齐抓共管的机构格局；多策并举，注重实效，通过举办法制讲座和培训，以考促学，推动干部职工的学法工作；以"法律六进"为载体，每年以"世界水日"、"中国水周"、"12·4"法制宣传日为平台，面向沿黄广大地区广泛开展声势浩大的普法宣传活动；普法注重抓创新，建成了淄博黄河普法网络系统，建成了一定规模的普法宣传画廊；还通过普法纸杯、普法手机短信、行业纵横联合宣传等多种形式，发挥了较好的普法效应，在山东河务局以及市普法办的验收中获得好评。

通过开展多种形式的宣传教育，增强了沿黄干部群众的水法制观念和水患意识，为实施最严格的水资源管理制度和河道管理制度营造了良好的法制环境。

▲ 法制宣传进校园　　　　　　▲ 水法规宣传突出法治文化特色

❖ 实施最严格的河道管理制度

为提高河道管理的执法能力，淄博河务局认真贯彻落实黄委关于黄河公安队伍的建设要求，积极协调，2010年组建了黄河公安队伍，配置了公安办公设备，初步建立了水政监察、黄河水利公安联合执法的水行政执法格局。为规范执法队伍河道执法行为，2012年高青河务局与高青

▲ 成立黄河派出所

县公安局联合发文，建立了水政、公安联席会商，重大、应急突发事件协同处置等联合执法的融合制度，实现了执法工作规范化、执法事务程序化，有力提升了实施最严格的河道管理制度的执行力度，提升了联合执法的合力。

淄博河务局严格河道内水行政许可建设项目的许可审查，把好建设项目的审查关，实行由业务技术部门集中参与水行政许可项目初步审查的机制；加大河道内跨河交通设施的后续管理，坚决遏止浮桥裹头侵占河道现象；加强对河道内违法设障和非法采砂行为的打击力度。严格落实河道巡查工作责任制，适时加大河道巡查频次。多年来由于普治并举措施得力，辖区内水事违法案件的发案率大大降低，保障了黄河防洪和工程的安全，全局广大干部职工的法律知识水平明显增强，为治黄事业的发展营造了良好的舆论氛围。

▲ 深入田间地头开展宣传教育

依法治水　果敢"亮剑"

❖ 案例一：五合庄窑厂拒交采砂管理费案

1996年4月至1998年6月，高青县常家镇五合庄窑厂不服从黄河河道管理部门的管理，不按照建窑的批复标准，擅自扩大临时工棚的建设面积，主窑超高，拒绝缴纳河道采砂管理费，不仅扰乱了河道的正常管理秩序，也为黄河防洪安全留下了隐患。水政人员先后多次到窑厂进行现场勘察，调查了解窑厂的建筑面积和生产经营状况。经查实，窑厂主拒绝向河务部门缴纳河道采砂管理费的理由居然是已向县土地管理局缴纳了矿产资源补偿费，窑厂主把黄河河务局收取采砂管理费的行为视为重复收费。

高青河务局水政监察员苦口婆心地劝导，不厌其烦地向窑主宣传：《河道管理条例》第四十条"在河道管理范围内采砂、取土、淘金，必须按照经批准的范围和作业方式进行，并向河道

▼ 拆除浮桥

主管机关缴纳管理费"的规定，为河道主管机关征收采砂管理费提供了法律依据；《对七届全国人大五次会议第2189号建议的答复》中"关于在河道管理范围内采砂的收费问题"的有关规定"水利部门和地矿部门对河道进行必要的管理，都有法律、法规依据。关于在河道管理范围内采砂的收费问题，《河道管理条例》第四十条明确规定由河道主管机关收取管理费，而《矿产资源法》则只规定开采矿产资源，必须按照国家有关规定缴纳资源税和资源补偿费，并未规定由地矿部门对河道采砂收取管理费。因此，为避免重复收费，应当由水利部门一家收取河道采砂管理费"，明确了河道主管机关收取采砂管理费与土地管理部门收取的资源补偿费都是对河道进行必要的管理，属于不同的收费形式，不属重复收费。

经过水政人员向其宣传《河道管理条例》和黄河河道采砂收费管理的有关法规，窑厂主仍然顽固不化，固执己见。高青河务局水政监察大队根据行政处罚程序，按照《关于山东省黄河河道采砂收费管理的通知》（黄财发〔1992〕16号）第六条第一项"采砂、采石、取土按当地砂、石、土销售价格的20％计收"和《违法水法规行政处罚暂行规定》（1990年8月15日水利部令第2号）中第十三条"未经水行政主管部门批准或不按批准范围和作业方式在河道内随意采砂、取土、淘金的，水行政主管部门除

▲ 执法现场

责令其停止违法行为，没收其非法所得外，可以并处警告和三千元以下罚款"的有关规定，向窑厂主下发了水行政处罚决定书，要求缴纳采砂管理费6 630元，并处罚款3 000元。但窑厂主逾期未履行处罚决定，高青县河务局申请人民法院强制执行。该县法院经查证，县河务局适用法律准确，处罚适当，给予执行。考虑到执行中窑厂主态度较好，经济确有困难，特别是窑厂主主动对超高的、扩建的部分进行及时整改，高青河务局向法院递交了变更原处罚决定书的申请书，向窑厂主征收采砂管理费2 000元。

这个案例影响很大，对违法采砂行为是个警示，它有力地维护了黄河事务的秩序，提高了依法治河、依法行政的作用力和影响力。

❖ 案例二: 大郭家护滩土地使用权证纠纷案

大郭家护滩工程是高青县政府为稳定河势，固定滩岸，于1950年9月在大郭家村占地初建的防洪工程，后经1952年、1955年、1968年三次修补、扩建，形成现在使用权面积111 960平方米的规模，从而稳定了河势，固定了下游马扎子险工的溜势，保证了马扎子引黄闸的引水灌溉。大郭家护滩工程一直由高青河务局管理使用。通过1995年12月9日确权划界，高青县人民政府颁发给高青河务局大郭家护滩工程国有土地使用权证（东至马扎子险工1号坝，西至大郭家耕地，南至大郭家、化家、于王口、堤赵四村耕地，北至黄河，总面积约111 960平方米）。

2000年初，高青县黑里寨镇大郭家村委会以缴纳各种税费为由，将1995年已确权给高青河务局的大郭家护滩工程部分土地擅自分给本村村民使用。

经过水政执法人员调查，村委会坚持认为，分配自己村子的滩地是理所当然的事情，别人无权干涉。发展本村经济、带领群众脱贫致富是应尽的义务和职责，自己没有私心。

在反复宣传和劝导无效的情况下，2001年4月4日淄博市人民政府作出行政复议决定: 申请人（大郭家村委会）提供的1964年土地面积登记表，现场指界不清，不能证明争议的土地归申请人

使用、所有；为更好地防护工程，保证护滩工程用地，认定被申请人（县人民政府）颁发给第三人（县河务局）的国有土地使用权证适用依据正确，程序合法，内容适当，维持县政府颁发给县河务局大郭家护滩工程国有土地使用权证的具体行政行为。

大郭家村委会不服，于同年4月17日向高青县人民法院提起诉讼，5月16日、5月29日县法院公开开庭审理了本案，以原告大郭家村委会认为大郭家护滩工程应归大郭家村所有并使用该工程上的部分土地证据不足为由，于7月5日作出了维持高青县人民政府颁发该国有土地使用权证的具体行政行为的判决。

大郭家村委会不服一审判决，向淄博市中级人民法院提起上诉。2001年9月17日，市中级法院公开开庭审理此案。在举证过程中，第三人高青县河务局列举了大郭家工程始建、大修的历史沿革资料和依据的法规规章，高青县人民政府阐明了颁发土地使用权证依据和相关程序。法律法规最有说服力，依据国家土地管理局《确定土地所有权和使用权的若干规定》第十六条第一款"一九六二年九月《六十条》公布以前，全民所有制单位，城市集体所有制单位和集体所有制的华侨农场使用的原农民集体所有的土地（含合作化之前的个人土地），迄今没有退给农民集体的，属于国家所有"，《山东省黄河工程管理办法》第二十一条"为有利于控导（护滩）工程和滩区土地、村庄的防护，沿控导（护滩）工程要划出三十米宽的滩地，作为存放料物、防汛交通的工程保护用地"的规定，法院作出了驳回上诉，维持原判的终审判决。

至此，大郭家护滩工程国有土地使用权争议案经复议、一审、二审结案，高青河务局以诉讼第三人的身份参与了整个过程。黄河河道主管机关以事实、历史和法律法规为依据，最终胜诉，维护了黄河部门的合法权益。

▲ 高青河务局被评为国家一级水管单位

❖ 案例三：河道清障案例

2009年8月，按照黄河防总、山东防指关于治理整顿黄河滩区砖窑厂的通知要求，开展了辖区内五合庄砖窑调查整顿工作。8月17日淄博河务局向市政府汇报了山东河务局河道监管工作会议精神，得到市政府有关领导高度重视，市政府以淄政办发〔2009〕9号特提秘密级电报下发《关于彻底治理整顿黄河滩区砖窑厂的紧急通知》，要求全力做好河道清障工作。淄博河务局负责人多次与高青县人民政府沟通窑厂的整顿工作。8月28日淄博市人民政府防汛抗旱指挥部下发《关于拆除黄河滩区内砖瓦窑厂的紧急通知》，要求滩内窑厂在8月30日前拆除完毕，并对影响黄河河道行洪安全的事项进行一次全面的治理整顿。高青河务局也向县政府提出河道清障工作的建议。高青县防指下发明传电报，限期常家镇政府拆除砖窑厂。河道清障工作实行行政首长负责制，两级政府层层施压，该砖窑厂实施了自行拆除。淄博河道唯一一处砖窑厂得到彻底的整改，保障了河道防洪的安全。

长堤成城惠古都

长堤成城惠古都

薪火传承——黄河堤防

❖ 水上长城

从青藏高原一路滚滚而来的黄河，在豫西山地的最后一段峡谷，骤然挣脱束缚，奔腾于广阔的华北大平原之上。

▽ 黄河奔腾

历史上的黄河，下游最明显的特征莫过于河无定势，游荡不羁，"三年两决口，百年一改道"。作为世界著名的"地上悬河"，黄河以其善淤、善决、善徙的秉性，成为世界上最复杂难治的河流，被称为"中华民族之忧患"。

堤防是黄河流域最古老、最基本的防洪设施。先民们在与黄河洪水不屈不饶的抗争和共存中，堆土成堤，以堤束水，一部以修堤为主旋律的黄河防洪历史历久弥新。

▲ 蜿蜒长堤

☞　延伸阅读

黄河防洪可以追溯到五千多年前的远古时期。《国语·周语》上有共工"壅防百川，堕高埋库"的记载；《淮南子·原道训》上也说"鲧作三仞之城"。这都说明，我们的先祖早就懂得营造简单的堤防来阻挡黄河的洪水。

到了周代，在黄河边筑堤防洪更为普遍。《国语·周语》上说："防民之口，甚于防川；川壅而溃，伤人必多。"这里防洪的作用被引以为喻，可知当时的人们已深知洪水之害，沿河筑堤已成为尽人皆知的事实。

春秋战国时期，随着农耕的不断发展，黄河堤防也得到进一步加强。《管子·度地》中具体论述了黄河筑堤的最佳季节为"春三月"，筑堤的方法是"大其下，小其上，随水而行"，固堤的方法是"树之以荆棘，以固其堤；杂之以柏杨，以备决水"，护堤措施是"岁卑增之，令下贫守之"。可知当时防洪已经有了比较周密的措施和严密的组织。

秦统一六国之后，对黄河堤防进行了整治，"决通川防，夷去险阻"，黄河下游第一次出现了连贯的长堤。过去民间广泛流传着《秦始皇打马修大堤》的传说，说是秦始皇骑着快马沿黄河一直跑到东海边，所过之处，令人立刻修起大堤。从那时起，沿着黄河大堤自西向东可以一直走到海边。到了清代，黄河下游实施了修筑堤防、涵、闸、坝工程并举的策略。历史上第一个比较完善、坚固的防洪体系在这一时期基本形成。

▲ 孟口控导

现行的黄河下游临黄大堤，河南兰考县东坝头以上始筑于明弘治至清康熙年间(公元1488～1722年)，东坝头以下是1855年铜瓦厢改道后的新堤，修筑于清咸丰七年至光绪十年(公元1857～1884年)。

1946年,在中国共产党领导下的人民治理黄河以来，黄河得到了有效的治理。治理的措施主要包括：一是全面加高培厚黄河大堤，把过去低矮残破的大堤加高到11米以上，并对黄河大堤险工段进行多次加固处理，使其抗洪能力有了显著提高；同时还利用黄河水含沙量大的特点，引黄放淤固堤，使堤防加宽到50～100米；将用秸料和土筑成的险工坝岸全部改建为石坝；临河堤脚和堤身都植树种草，进行全面绿化，进一步加固了河堤。二是对河道进行大规模的整治，建成了由堤防、险工、河

▲ 1949年黄河抗洪抢险，济南河段修筑残堤

道整治工程组成的防洪工程体系，初步形成了"上拦下排，两岸分滞"的防洪工程体系，它们构成了守护大河安澜的钢铁长城，在一次次洪魔袭来之时，顽强地将洪水束缚在河道之中，为保护两岸人民群众生命财产安全发挥了至关重要的作用。

时至今日，黄河下游12万平方千米的防洪保护区是黄淮海平原的中心地区，总人口接近1亿人，耕地1.07亿亩，占全国耕地面积的7.5%，粮食和棉花产量分别占全国的7.7%和34.2%，成为重要而发达的农业区域。这一区域城市众多，铁路密集，公路发达，中原油田、胜利油田、淮北煤田等集中于此，是我国北方重要的能源基地。

统计表明，人民治黄以来，如果没有以堤防为主的防洪工程的保护，按实际出现的洪水，有多个年份要出现决溢。决溢的综合损失达数千亿元，在政治上的不良影响更是无法用金钱来衡量的。

▲ 20世纪八九十年代的黄河堤防

▲ 如今的高青段黄河大堤

高青县是黄河流经山东淄博的唯一县（区）。黄河穿越高青县黑里寨、青城、木李、常家、赵店五镇，主河道长45.6千米，河道纵比降1：10 000左右，主河宽400~700米，两岸堤距1 500~2 500米，河床高出背河地面3~5米，设防水位高于背河地面8~10米，为典型的"地上悬河"。

黄河防洪工程淄博高青段，始自1883年（清光绪九年），至今有一百多年的历史。经过先后9次的整修复堤，堤防高度达11.40米，底宽69.70米，基本形成了稳固的黄河淄博高青段防洪大堤。

❖ 三次复堤

淄博黄河大堤是黄河1855年铜瓦厢决口，夺大清河道入海后，由民堰逐步形成的，原有大堤本来低矮单薄，残破不堪。

1946年，人民治黄后，黄河治理进入了一个新的阶段。

● 第一次大复堤（1950~1955年）。按照黄委1950年治黄工作会议制定的治黄方针"以防御1949年最高洪水位为目标"，要求堤顶超出1949年洪水位1.5米。山东河务局1951年规定，保证泺口流量9 000立方米每秒不发生溃决，刘春家以上堤顶超高2.0米，刘春家以下超高1.5米，堤顶宽：平工7.0米、险工9.0米，临河坡1：2.5、背河坡1：3。

据此要求，高青段采取了以"宽河固堤"为核心，包括废除民埝、加培大堤、石化险工、绿化大堤、建立堤防管理等的一系列工程措施和非工程措施。经过此次复堤，高青段堤段平均加高0.8米，加宽5.4米，断面面积增加25.6平方米。堤防加固了，河道拓宽了，防洪形势得到初步改变，为保证伏秋大汛不决口，特别是战胜1954年、1957年、1958年的洪水奠定了基石。

▲ 植树

● 第二次大复堤（1963～1966年）。按黄委规定"以防御花园口流量22 000立方米每秒，位山以下按艾山流量13 000立方米每秒为目标"，以此推算，高青段按刘春家水位20.8米，堤顶超高2.1米，堤顶宽：平工7.0米、险工9.0米、临河坡1∶2.5、背河坡1∶3设计。堤顶平均加高1.0米，堤身帮宽5.5米，全县堤线长53 170米。实际完成土方249.5万立方米，出动民工5.9万人次，实用人工121.5万工日。

▲ 险工石化

● 第三次大复堤（1974～1983年）。1974年，国务院批转了黄河治理领导小组的《关于黄河下游治理工作会议的报告》，指出：国务院同意报告中对1970年黄河下游防洪工程的安排。对薄弱的堤段、险工和涵闸，要加紧进行加固、整修。第三次修堤的防御洪水的标准为艾山以下大堤按下泄10 000立方米每秒流量控制，按11 000立方米每秒设防，设计水位比第二次复堤提高2.4米，大堤平均加高2.6米，加宽14.3米。

随着国家建设发展和行政体制的变革，三次复堤的组织形式和施工方法也随之改变。第一次复堤，开始是在新中国成立初期，修堤采取征工方式，由县委、县政府领导，组织修堤指挥部选派干部深入到区、乡、村，广泛发动群众，宣传修好黄河大堤，保卫国家建设和人民生命财产安全的重要意义，动员青壮年积极

▲ 20世纪90年代初在堤顶进行压力灌浆

▲一线职工辛勤维护

参加修堤。在此基础上各区、乡分别组织修堤大队、中队，各村按分配人数组织群众上堤修工。工程完工后，按各施工单位的施工段丈量土方，按计划结算工资额，各施工单位再按出工多少，结算到人。

1953年，复堤开始试行包工包做，发动沿黄群众，自愿组织包工队，上堤承包修堤工程，当时的宣传口号是"包工包做，有吃有落"。1954年，该模式得以全面推广，各包工队实行优化劳力组合，土工自愿插伙，分挖土塘，上方混合倒土，完成任务。丈量土坑按方计资，结算到组。硪工以实际完成的硪实平方，按质评价，工完账清，实行多劳多得，充分调动群众的积极性。运土工效由1952年平均每工日2.36标准方，提高到1954年的每工日5.66标准方。

第二、第三次复堤时，农村已实行人民公社化，所以施工采取征工包做的方式。修堤工程由县领导组织指挥部，并派人到公社、生产队发动群众，讲明治黄修堤与发展生产的关系，宣传治黄修堤是沿黄人民的光荣义务。由公社、管区、生产队，按营、连、排军事化编制，组织基干民兵上工修堤。由于宣传到位，组织严密，再加工地实行下方分挖土塘，上方大工段合倒土，贯彻多劳多得工资政策，所以每次施工都顺利地完成了任务。

随着国家科学技术的发展，三次修堤使用的工具也不断改进。第一次修堤运土工具大部分使用挑篮和抬筐，在实践中，人们认识到"抬不如挑，挑不如推"的道理。所以，在组织民工的时候，发动大家尽量多用小车（木轮推车）推土。第二次复堤时又全部改用胶轮车运土。第三次复堤时，人们将拉车上坡改用了倒拉滑车，这些改进措施都促使运土提高了工效和降低了劳动强度。20世纪80年代，修堤运土使用铲运机、汽车、装载机，平土用推土机，碾压用拖拉机，全部改用机械化，彻底改变了人力筑堤的局面。

修堤的目的是抵御洪水，因此施工质量是修堤的关键。自人民治黄以来，在历次修堤中，各级都把施工质量当作头等大事来抓。

每次修堤开工之前，先开办施工员、边铣、硪工组长培训班，讲明保证工程质量的重要意义，再学习施工标准，使广大施工人员明确道理，熟知标准，自觉按上级要求施工。其次是严格检查验收制度。第一次复堤时，压实工具是碌碡，要求碌碡重75千克，下底直径25厘米，行硪要求抬高1米，硪花套严（每硪套压四分之一，每平方米不少于25个硪花），每坯虚土厚30厘米，套打两边，实土厚不超过20厘米。

▲ 木轮推车

▲ 现代化的施工机械

施工期间，工地广泛开展红旗竞赛活动，经多次验收，联合评比，质量优秀的硪，授予红旗硪。每硪打完一段，经验收合格，签发逐坯验收证，完工后凭证按质量等级结算工资。在第二次复堤的1963年，开始试用拖拉机碾压。高青段是在修刘春家闸后围堤时，租用了一台"东方红"拖拉机，开始试验，经多次虚土厚度和碾压遍数的变化试验，得出结论，一般土料，每坯虚土厚25厘米，碾压6遍，压实质量均匀，节省人力，节约投资，并适合大工段作业，减少两工接头，质量有保证。于是，在1964年春修开始时，修堤全部使用拖拉机碾压。其质量验收也采用秤瓶"比重法"，测试压实干么重，此法简便易行。这些都是在黄河修堤历史上的重大改进。

在大堤加高培厚的同时，又进行了消灭隐患和堤防加固工作。原来的大堤，几经战乱破坏，残破不堪，隐患甚多。自1951年开始，一方面组织专人进行调查，一方面进行人工锥探，探找隐患。经三次访问沿

▲ 整修草皮

黄老人960人次，锥探100多万眼，加之几年洪水的考验，发现了堤身存在的隐患及薄弱堤段652处，堤线长232 548米，需要及早处理。由于历史原因，有许多村民长期居住在背河堤坡上，不但破坏堤坡，削弱了抗洪能力，住户内还挖有地窖、竖井、藏人洞等，严重威胁着大堤安全。自1952年起，在沿黄区、乡政府协助下，动员堤上住户搬迁，政府安排地基，河务部门按上级规定发放补助费。1969年，搬迁全部完成，并随即进行堤坡补残。再如獾洞、鼠穴、空洞等，都进行人工挖填，彻底翻修。对汛期出现的严重渗水、管涌等，则在背河修做了后戗。对过去的老险工或堤基薄弱的堤段，则修做抽槽换土或黏土斜墙工程，进行加固处理，以期达到防渗和加固堤身的目的。

自20世纪70年代，黄河下游开始利用简易吸泥船，抽取黄河泥沙，淤背固堤。1977年，惠民修防处从滨县、利津调来两只船，经检修和选拔培训技术工人，于6月在刘春家险工投产，开始了机淤固堤的新路，当

▲暮色中正在生产的吸泥船

▶▶冒雨巡查输沙管道

年生产6.7万立方米。1978年，开始组建造船厂，当年生产两只船，再加上外地支援和购置的木壳船，全段发展到8只船，分散在马扎子、刘春家、大道王险工抽土淤背，当年生产155万立方米。随着淤背区向平工延伸，到90年代后期，高青黄河淤背区基本成形，大大增强了堤防抗洪能力。

❖ 标准化堤防

2002年，依据国务院批复的《黄河近期重点治理开发规划》，针对当前黄河下游防洪存在的主要问题，黄委决定建设黄河下游标准化堤防。即通过对黄河下游堤防实施大堤加高帮宽、放淤固堤、险工加高改建、修筑堤顶道路、建设堤防防浪林和生态防护林等项工程建设，构造黄河下游集"防洪保障线、抢险交通线和生态景观线"于一体的标准化堤防体系，确保防御花园口站洪峰流量22 000立方米每秒堤防不决口，为维持黄河健康生命和经济社会可持续发展奠定可靠的基础保障。

▲ 标准化堤防建设开工仪式

👉 **延伸阅读**

　　黄河标准化堤防的"标准"：一、大堤顶帮宽至12米，临背堤坡1∶3；背河淤区宽度为100米，顶部高程与2000年设计防洪水位平；堤顶道路路面宽度6米，参照平原微丘三级公路有关标准设计。二、险工坝型结构以粗排乱石坝或扣石坝为主，坝顶高程低于相应堤顶1米，坦石顶宽1米，外边坡1∶1.5、内边坡1∶1.3。三、附属工程：堤顶种植行道林，优化草木树种；堤防两侧设置排水；临、背河堤坡植草护坡；临河种植防浪林，背河种植适生林、生态林；沿堤线长度，每10千米安排管护基地一处。

　　2007年3月，淄博黄河标准化堤防工程开工，当年6月完成堤防帮宽工程，2008年完成了放淤固堤工程和堤防道路工程，大堤（平工帮临，险工帮背）顶宽12米，堤顶道路全部进行了硬化，硬化长46.92千米，宽6米，两边种植行道林，淤背区长45.92千米，顶高程与设计防洪水位平，全部达到了设计标准。种植适生林木，背河堤脚外10米宽种植杨柳树；平工堤段临河种植宽度30米的防浪林，险工均加高改建达到设计标准，形成完善的黄河防洪体系和绿色生态长廊。

▲ 生态林

▲ 绿色生态长廊

建功立业——黄河险工

❖ 马扎子险工

　　马扎子险工位于高青县黑里寨镇与青城镇交界处，因邻近马扎子村而得名。马扎子险工始建于1896年，先后进行了三次改建。现工程长1 600米，护砌长度1 579米，有坝岸17段，结构为扣石坝。马扎子引黄闸位于5～7号坝，为山东黄河工程管理"示范工程"。

　　水管体制改革后，按照工程管理正规化、规范化的要求，对坝面进行了整修和绿化美化，对根石进行了高标准排整，2005年创建为山东黄河工程管理"示范工程"。

▽ 马扎子险工

为不断提升工程景区档次，2005年又建设"警钟"雕塑一座，以警示人们要铭记黄河防洪历史，居安思危，警钟长鸣，被淄博市命名为"爱国主义教育基地"。

▲ 马扎子险工被评为市级爱国主义教育基地

按照创建黄委工程管理示范工程的要求，淄博河务局对该险工进行了全面整修，险工段堤顶沥青路面由6米拓宽至8米，新铺筑沥青路面6 960平方米；堤顶路肩进行镶石铺花砖硬化，安装镶石3 480米，铺筑花砖3 130平方米；并对坝面、堤肩进行植树、植草绿化。

▲ 查堤排险

今天的马扎子险工，坝体完整，根石排整严密，坝面平整，草皮和树株旺盛，备防石存放整齐，各类标志齐全、完整、醒目，工程面貌焕然一新，成为宣传淄博黄河的一个窗口。

1855年以前，马扎子村是山东青城县（今属高青县，下同）大清河东岸的一个小村庄。当时的大清河为一运盐故道，是地下河，河面不宽，河水不深，常年有水且非常清澈。岸边土地肥沃，植被丰茂，风景秀丽，曾是古青城县的八大景之一，称之为"香国春游"。这里的人们过着日出而作日落而息的农耕生活。

1855年，黄河从河南兰阳（今属兰考县）铜瓦厢决口改道夺大清河入海后，打破了这里的宁静。大流量的黄河水时常漫出河槽，高含沙量又使河床不断抬高。这种灾害的重复上演，使当地民众深受其害。

为阻挡洪水，当地民众于1858年开始有组织地修做坝堤（即民堰）。1883年开始，清政府在民堰之外再筑大堤，一年后底宽17米、高2米的大堤基本形成。1886年至1894年，因南岸民堰内外皆有黄流，很难防守，故废民堰，退守大堤，并逐步将大堤加高培厚至高2.2米，顶宽6米。这些措施，虽对减少洪水灾害起到了一定作用，但因工程标准低、质量较差，加之黄河复杂难治，黄河水害依然频频发生。1895年8月，黄河洪水持续上涨，险要处河水与堤顶相平，加之连续降雨7昼夜，堤内外大水茫茫。由于平时无备，临时抢修泥堰，远道取土，督战不力，8月10日凌晨，在马扎子村处决口。决口口门长350米，水深5米。青城县全境被淹，且波及高苑（今属高青县）、博兴、广饶三县，洪水所到之处，死人无计，财产遭受巨大损失。退水后，青城县境"地被沙压，沃野变瘠壤"。据历史资料显示，青城县除口门附近村庄落沙2米外，其余114个村庄、19.8万亩土地平均落沙0.5～1.5米不等，3年内未能恢复生产。沿堤居民都迁移到堤上搭建窝铺栖身。马扎子决口冲跌处形成大坑，约2 000平方米，深3米，后常年积水，马扎子村消失了。同年11月，河水下降，主流归槽，开始堵口，以秸秆为主，桩绳配合，第一次"进占"失败，第二次"合龙"闭气，将口门堵复。

1896年，在马扎子决口处修做了险工工程，命名为马扎子险工。

❖ 刘春家险工

刘春家，村名，明洪武二年（1369年），刘春自冀州枣强迁此立村，取名"刘春家"。刘春家险工、管理段等皆位于此村附近，故皆以村名命名工程。

▲ 刘春家险工

刘春家险工位于高青常家镇与赵店镇交界处，始建于1897年，工程长1 600米，坝岸34段，护砌长1 625米，其中三段坝为乱石结构，其他均为扣石结构。

经过多年来的加高改建，工程抗洪强度有了很大的提高。早在1994年就被山东河务局评为"优秀工程"，同年被淄博市人民政府定为市级黄河风景旅游区；1995年、1996年被山东河务局评为"十佳工程"和"双十佳工程"；1997～2003年连续7年被山东河务局评为"优秀工程"；2004年被黄委评定为"示范工程"。

▲ 河之韵

☞ **延伸阅读**

淄博黄河水利风景区

2007年8月，黄河淄博段被命名为"国家级水利风景区"。

淄博黄河水利风景区是依托黄河丰富的旅游资源并纳入周边重要生态和人文景观而形成的风景胜地，总面积约216平方千米。景区以水生态体系为主，展现黄河文化的特有魅力，体现了人类与母亲河和谐共处的哲学意义，同时与现代黄河工程相结合，赋予其文化、教育、生态、旅游功能，实现工程功能的多元化和产业化发展。

依托黄河工程和水土资源优势，淄博黄河河务局联合地方政府并多次征询有关专家的意见，对景区进行了综合规划和开发，开展了大规模的园区建设。目前已建成各类风情园三个，并分别赋予其"警示"、"生态"、"源泉"的主题。步步为景，独具特色，各有品味，让人们从不同角度领略母亲河的风采，聆听关于黄河的美丽传说。

⌃ 风景区一角——源泉

堪当重任——引黄涵闸

❖ 刘春家引黄闸

　　刘春家引黄闸 1960年修建。该闸为3孔压力箱式涵洞，设计流量37.5立方米每秒，最大引水流量69.5立方米每秒。运行20年，累计引水8.2亿立方米。由于河道逐年淤积，防洪标准提高，原闸不能再正常运用。

　　刘春家新闸闸轴线位于刘春家险工17号坝。工程建设项目于1980年3月1日破土动工，8月1日竣工。设计引水量37.50立方米每秒，最大引水量70.00立方米每秒。原灌区设计灌溉面积46.70万亩（包括大道王3.00万

▲ 刘春家引黄闸

亩），实际灌溉面积34.70万亩（包括大道王2.02万亩）。该闸为两联四孔，孔口2.50米×2.50米的钢筋混凝土箱式涵洞，每联10节，全长89米。1981年3月21日，该闸正式开始放水运行。

❖ 马扎子引黄闸

马扎子引黄闸修建于1957年2月，1958年7月竣工，用工日5万个，完成土石方3.26万立方米，投资40万元。设计水位17.25米，11孔涵洞，引水量27.8立方米每秒，可利用流量为25立方米每秒。1958年7月启用，至1983年累计放水5.2亿立方米，为高青县西部农田灌溉提供了水源。涵闸运行24年后，呈老化状态。

▲ 马扎子引黄闸

1984年2月，马扎子引黄闸新建工程开工，当年11月竣工。共用工日34.9万个，完成土石方30.18万立方米，投资290.7万元。设计引水流量为27.8立方米每秒，闸底板高程17米，结构为单联3孔箱式涵闸，全长80米，分8节。该工程为一级建筑，设计防洪水位29.2米，防地震烈度为7度。工程设计年引水量为5 504.7万立方米，有效灌溉面积38.67万亩。工程竣工验收后，于1985年3月21日正式启用。

▶▶ 马扎子一角

陆

亮点纷呈水经济

亮点纷呈水经济

历程：一水引来百业兴

　　成立于1990年的淄博河务局，自建局之初即将经济工作紧紧抓在手上，经过20余年的努力探索和艰苦奋斗，从无到有，从小到大，经济工作不断取得新突破，实现新发展，为弥补事业经费不足、稳定职工队伍、助力精神文明建设筑牢了经济基础，为推进治黄事业全面发展作出了突出贡献。

▲ 淄博河务局办公大楼

20世纪90年代初，随着改革开放的逐步深入和治黄经费的严重不足，淄博河务局逐步认识到发展经济的重要性和紧迫性，着手开展综合经营活动。市局成立了经济工作管理部门，县局一级成立了综合经营办公室，组建了机械化施工队和疏浚工程队，抽调部分有经济头脑的管理人员和有专业特长的"能工巧匠"从事综合经营工作，经济工作开始起步。

1992年邓小平南巡讲话和党的十四大召开，国家经济体制改革和发展进入一个全新时期，淄博河务局对经济工作的认识也不断深化，开始突破综合经营的范畴，提出了建立和发展黄河产业经济的思路，制定了一系列经济发展意见和奖励办法，鼓励各单位和职工从事综合经营，经济工作步入提高阶段。到1995年，全局经济总收入达到816万元。

1996年以后，淄博河务局进一步解放思想，转变观念，经济持续较快发展，土地开发、对外工

▲ 施工现场

程施工、预制加工等经济项目实现良性发展，经济收入逐年提高，有效地缓解了基层单位事业经费严重不足的问题，职工生产生活条件得到改善，促进了治黄事业发展。

1998年长江大水后，党和国家做出了"整治江湖、兴修水利"的重大决策。淄博河务局紧紧抓住这一难得的历史机遇，深化经济结构调整，提出了"以工程施工为龙头，以土地开发为基础，以服务业为补充"的经济发展新思路，并于1999年组建了拥有二级水利水电施工资质的淄博市黄河工程局，注册资本金5 037.5万元，为淄博黄河经济发展注入了强大活力，成为淄博黄河经济发展中的一个新的重要转折点。到2000年，全局经济总收入达到4 853万元。

2002年，淄博黄河工作会议首次提出"充分发挥自身优势和区位优势，努力发挥水、土、施工、跨河交通和依法收费五大优势"的总体经济发展思路，指明了淄博黄河发展经济的方向，全面推动了经济工作的快速发展。这一年，淄博河务局参股了"惠青黄河大桥"项目，成为山

▲ 参股经营的"惠青黄河大桥"

东黄河首个参与黄河大桥经营管理的项目。

到2005年，淄博黄河经济工作呈现出亮点纷呈、百花齐放的生动局面，各类经营项目捷报频传，经济收入大幅提高。

2006年，是人民治黄60年，也是淄博黄河实施"十一五"经济发展规划的第一年，此时，淄博黄河经济工作已开始进入高位运行阶段，处在一个"站在新起点，实现新发展"的关键时期。如何认真总结多年来经济发展的基本经验，正确认识存在的问题，着力克服面临的困难，用新的理念、新的思维、新的措施促进淄博黄河经济工作持续健康发展，是摆在淄博黄河河务局面前的一个重大而紧迫的课题。

★ 骄人数字

2005年年底，淄博黄河河务局经济收入首次突破1亿元，人均创收达45万元，人均创收荣登山东黄河各市局榜首，成为淄博黄河经济发展进程中的一个重要里程碑。

在大量调研的基础上，经过认真分析和冷静思考，淄博黄河河务局党组意识到：切实树立"大黄河，大经济，大发展"观念，坚持"立足实际，持续创新，和谐发展"的基本原则，统筹协调好经济发展与治黄业务工作、文明建设的关系，充分利用和拓展好政策优势、资源优势、区位优势，着力解决好制约经济发展的关键性问题，消除影响经济发展的体制政策性障碍，重点抓好一、二、三产业的协调健康和可持续发展，是淄博黄河经济工作实现大发展、实现新跨越的出路所在。只有经济发展了，经费保障了，才能保持和稳定职工队伍，才能实现单位和谐发展、率先发展。正是基于决策者们对自身现状和经济形势的准确判断，淄博黄河经济工作才得以在高位运行、提升难度加大的情况下，继续驶向发展的快车道。

2006年起，淄博黄河经济工作一年一个新变化，一年一个新台阶，实现了持续健康快速发展的良好局面。

2009年，淄博河务局经济总收入首次突破2亿元，成为发展进程中的又一重要里程碑。

"十一五"期间，是淄博河务局经济发展速度最快、经济运行质量最好的一个时期，在此期间，供水产业突飞猛进，特别是工业供水数量连年攀升，一度接近用水总量的50%；以四宝山仓储物流业为代表的第三产业发展迅速，成为淄博黄河经济新的增长点；工程施工也逐步摆脱了对内部施工项目的依赖，对外承揽工程力度和自主施工能力得到较快提高，项目管理实现正规化、规范化，施工效益大幅提升；土地开发形成了"以林为主"的种植经营格局，规模化效益凸显。

2011年，淄博河务局开始实施"十二五"经济发展规划，经济发展踏上新征程。2012年，经济总收入达到2.19亿元，人均创收100万元。

▼ 淄博黄河淤背区苗木开发基地

成就：领跑水利经济发展

多年来，淄博河务局不断总结经济工作经验，充分发挥自身和区位优势，加大市场开拓力度，逐步探索出了一条适合淄博黄河实际的经济发展路子，形成并逐步完善了以工程施工、供水、淤背区开发、跨河交通为重点，仓储物流、房屋租赁、制造加工等产业同步发展的经济格局；切实加强对经济工作的领导和管理，经济运行质量和效益不断提高，确保了经济工作的持续健康快速发展。

❖ 土地开发成效显著

2000年前，淤背区开发以种植农作物为主。2000年春，在黄委的统一部署下，进行了林木开发项目试点，2001年进行了大面积推广。2002年，在认真总结开发经验的基础上，结合淄博黄河实际，确立了"大力发展用材林，适度发展经济林，重点发展苗木花卉"的开发思路，坚持"大堤绿起来，黄河美起来，职工富起来"的发展目标和"植满植严"的绿化原则。抢抓机遇，大力进行结构调整，进一步加大植树绿化力度，淤背区面貌发生

★ 骄人数字

"十一五"末，淄博黄河经济总收入由"十五"期间的年均0.64亿元增长到"十一五"期间的年均1.56亿元，增长了近2倍，年人均创收达60万元以上。年人均可支配收入由"十五"期间的2.96万元增长到"十一五"期间的5.81万元，增长近一倍。除去上级拨款，"十一五"期间，年均弥补人员经费1 503万元，单位积累还实现了逐年增加。2012年，全年经济总收入达2.19亿元，人均创收100万元，同比增长29%。其中，一产272万元，二产1.9亿元，三产1 700万元，水费900万元。年度财政拨款1 155万元，实现支出2 799万元，弥补率高达59%，职工人均纯收入8.9万元，当年新增单位积累825万元。

了重大的变化。

2006年开始实施"政策引导、科技带动、创新经营"三大战略，并主动融入地方农业经济，利用当地优势农业产业开发淤背区土地，开始了新一轮"调结构、转方式"进程。到2012年，开发建成

▲ 三千亩桑园

桑园3 000亩，苗木花卉园586亩，适生林800亩，走出了一条边开发、边种植、边经营的淤背区特色农业之路。

在"调结构、转方式"过程中，将目标量化、细化、责任到人，形成了结构严谨的

▲ 淤背区的桑园为淄博的传统产业——丝绸生产提供了充足的原料

经济工作领导决策模式。针对淤背区开发现状，组织力量对所辖淤区进行了深入细致的实地调查，绘制了全局淤区开发平面示意图，在此基础上，确立了"三点、二片、一景区"的总体淤背区经济发展规划。结合淤背区土地基础薄弱，开发起点低的实际，实行成型一片、规划一片、种植一片的开发模式。

✳ **背景链接**

2006年以来，淄博黄河河务局先后投入资金500余万元用于基础设施建设，进行水利配套和发展苗木基地建设。修建扬水站5处，水渠1.56万米，铺设管道1.26万米，设置隔离网800米，建设临时看守房4处，新打机井3眼，新增灌溉面积1 800亩，为淤区开发创造了良好条件。

为调动职工种植积极性，制定了一系列内部优惠政策，鼓励职工兼职承包淤区开发。对种植大户仅收取工程维护费，对养殖大户免交场地承包费，养殖项目在10万元以上的，帮助协调解决贷款，并按贷款利率发放贴息补助，鼓励发展种养大户。在管理模式上，一方面结合"管养分离"调整职能，理顺公务员、事业、经营与土地开发岗位的关系，达到相互补充、相互促进的目的；另一方面创新土地经营管理体制，制定优惠政策，鼓励职工采取兼职承包、联营、群众投工投劳等形式进行联合开发，形成了利益共享、风险共担、收入分成的管理模式，拓宽了投资和收入分配渠道。由于政策合理，措施得力，有效地带动了广大职工参与淤区开发的积极性。

▲ 树株养护

在开发过程中，主动融入地方经济发展，创新融资模式，实现多元发展：

与高青县政府共同规划、建设和开发了大型桑葚园项目，目前已开发种植3 000余亩，经济效益十分可观。

👉 **延伸阅读**

第一年每亩桑园可养蚕种1张，产蚕茧40千克，第二年可产蚕茧80千克，第三年及以后可产蚕茧120千克。按每千克最低36元保护价收购计算，第一年1 440元，第二年2 880元，第三年4 320元，减去成本及管理费用，每亩净收益可在千元以上。

同时桑条具有韧性大、拉力强、便于裹护的特点，如防汛急需，可就地取材用于捆制桑石枕。这样既改善了工程面貌，又有利于防汛抢险，还提高了经济收益，为新形势下的淤区开发找到了一条新途径。在建园过程中，认真调整种植规划，积极指导桑园建设，为桑园灌

▲ 采桑葚

溉提供了有利条件。同时，结合黄河水利风景区建设，积极争取地方政府投资，在刘春家管理段两侧建设观光园200亩，园区共包括采叶园、育苗园、观赏园、采椹园，集生态效益、旅游效益、经济效益于一体。

利用日本小渊基金，先后开发建设了三期"中日青年友好林"。在树种选择上，挑选了适应性强、生态效益显著、能较好防止水土流失的黑松及防风浪效果显著的杨柳等树种，为淄博黄河增添了新的绿色屏障和靓丽的生态风景线，同时也增加了淤背区的长效收益。

> ### ★ 骄人数字
>
> 2009年，一期工程投资1 000万日元，造林50公顷；2010年，二期工程投资1 200万日元，造林80公顷；2011年，三期工程投资1 400万日元，造林80公顷。三年累计整地210公顷，植树20余万株。

▲ "保护母亲河——中日青年高青县生态绿化工程"在高青黄河岸边启动

2004年起，为了丰富职工菜篮子、米袋子，切实解决让职工吃上放心肉蛋菜的问题，开始提出建设绿色无公害生活基地的设想，并组织人员先后到寿光、莱阳、青州等地的标准化农产品基地参观学习。在此基础上，结合自身实际，提出了"因地制宜，庭院为主，绿色安全，保证供应"的基地规划总体思路。在这一思路的指导下，经济技术人员深入基层调查了解，经过反复对比，最终形成了"以三个基层庭院闲置土地为主，以庭院周围土地为补充，建设蔬菜、肉蛋、瓜果、水产四个板块的绿色无公害生活基地"的规划，详细确定了各个板块的具体位置、生产规模和质量要求，并明确了分阶段实施目标。当年，便投资13万元建成了4个钢架结构的高标准冬暖蔬菜大棚，冬天，职工们吃上了自己大棚出产的绿色新鲜蔬菜。

▲ 刘春家管理段的大棚蔬菜

2006年，进一步加大了开发建设力度，先后在大刘家、刘春家管理段和疏浚工程处庭院开发大田蔬菜园80余亩，新增蔬菜大棚3座，建成百头猪场1处、千只土鸡场1处，并与地方养殖户联合建成奶牛场1处。年内，品种齐全、安全绿色的瓜果蔬菜和肉蛋定时定量地发放到了职工手中，职工生活基地初具规模。2008年又对生活基地进行了优化和调整，并新增冬枣园1处，更新苹果园、黄金梨园各1处，开发鱼塘1处，品种更全、质量更优的生活基地成为让职工放心、让职工舒心的"绿色食品"供应厂。

☞ **延伸阅读**

蔬菜种植和供应六到位：到单位、到被送单位、到责任人、到季节、到品种、到数量。

"绿色无公害"是淄博河务局对生活基地食品品质的基本要求，但达到这一要求，管理、技术等方面难度都非常大。对此，淄博河务局自基地建设之初就组织力量下大力气破解这些难题，并逐渐摸索出了一套行之有效的管理模式。在机制管理方面，实行了市局适当投入和补助、基层单位管理、专人负责、收入归基层、市局经济局监督的方式。在技术管理方面，与当地农技部门建立起长期协作关系，农技部门定期派专家进行现场培训指导、释疑解惑。在长期的协作和实践中，一批专兼职管理人员成为现场管理的行家里手，为基地的发展壮大起到了很大的推动作用。

⚤ 原生态无污染油菜

⚤ 精心管理

☞　**延伸阅读**

　　在大田管理上应用了抗病毒、防倒伏、防腐根技术，在蔬菜大棚管理上，引进了雌体单株栽培、嫁接栽培、根线虫防治、隔网板防虫、平衡施肥等技术。这些技术的应用，不仅大大提高了产量，而且有效杜绝了农药、化肥的施用，保证了蔬菜品质。另外，还创新性地利用大棚蔬菜换茬之际进行养鸡，有效提高了大棚利用率，同时也提高了土地肥力。

在监督管理方面，淄博河务局不定期到各种养点检查，严防有害超标现象发生，并制定了详细的种植、养殖操作规程和实施细则。明确规定了农药、化肥、饲料的使用范围、数量和定点供应厂商，严禁使用超标农资，最

▲ 饲养的雏鸡

大限度地使用土杂肥、玉米粒等原生态肥料、饲料。各种养点还实行了日登记管理制度，对每日的生产资料使用状况及作物、畜禽生长状况都一一登记在册，检查时一目了然，从而长期有效地保证了产品品质，真正达到了"绿色无公害"的要求。

绿色生活基地的建成，极大地丰富了职工的菜篮子。几年来，全局300余名职工每周都能至少领取一次被大家称为"绿色福利"的新鲜蔬菜，每月能领取一次肉、禽、蛋，上街买菜在淄博黄河河务局几乎成为历史。而且随着基地的不断完善，蔬菜品种也从最初的四五样逐步增长到十几样，随着季节变化还不定期供应鲜玉米、西瓜、冬枣等时令瓜

◀◀ 绿色福利

果。蔬菜大棚的日臻完善还使大家吃上了反季节蔬菜，即使在冬季，蔬菜供应依然有保障。职工们在总结这几年的福利供应时说："'绿色福利'一节省了买菜时间，二丰富了日常生活，三也是最重要的一点：长期吃上了绿色无公害的肉蛋菜，吃得放心、吃得健康。局里真是把实事办到职工的心坎上了！"

❖ 建筑施工业发展迅速

在长期的黄河治理过程中，淄博黄河河务局积累了丰富的水利工程建设经验，培养了一批工程专业技术人员，形成了行业优势。淄博黄河河务局成立时的工程施工队伍主要包括四宝山石料供应处（淄博机械化施工工程处）和高青黄河河务局机械化施工工程处、疏浚工程处，主要从事水库、堤坝、河道疏浚等工程建设项目，并开始走向社会，承揽高速公路等地方建设工程项目，取得了较好的施工效益。如四宝山石料供应处（淄博机械化施工工程处）1997年的经济总收入就已达近千万元。1998年后，国家加大了对大江大河的投入力度，施工企业抓住这一机遇，积极参与投标竞争，承揽工程额度实现新突破。

▲ 由淄博市黄河工程局承建的标准化堤防　　　▲ 混凝土施工

1999年3月，为适应工程施工"三制"改革需要，注册成立了淄博市黄河工程局，并于当年年底获得水利水电二级施工资质，顺利通过ISO9000质量体系认证，为进军社会市场、承揽大型施工项目奠定了基础。在发展过程中，随着自身实力的不断增强，淄博市黄河工程局逐步拓展经营范围，实现滚动发展。2003年获得市政公用工程施工总承包三级资质，2004年获得房屋建筑工程施工总承包三级资质，2006年3月水利水电施工资质晋升为一级。

◀◀ 水利水电施工一级资质证书

多年来，淄博市黄河工程局充分发挥行业优势，以资质升级为突破口，加大系统外工程承揽力度，内强素质，外树形象，狠抓质量、成本、项目部管理三个环节，施工收入不断增加，综合实力显著提升。到2006 年，承揽工程合同额已突破1亿元，完成产值6 000万元以上，足迹遍及国内七八个省区。2006年开始，针对市场竞争日趋激烈、施工风险不断加大的实际，适时提出了"效益优先，抓大放小"的新的经营理念。在认真总结经验的基础上，确定了所承揽外部工程，合同额要达到

▲ 承揽施工的东平湖护坡加固工程（2013年）

2006年至2012年，淄博市黄河工程局共承揽千万元以上工程项目25项，签订工程合同额12亿元，完成产值72 933万元，企业规模和施工能力得到空前提高。截至2012年底，企业注册资本达到5 037.5万元，总资产14 259.4万元，净资产6 371.3万元。

1 000万元以上的标准，这样既能确保集中精力承揽大型施工项目，搞好施工管理，又避免了小型工程资金不到位、遗留问题多、效益低下等问题，还能够树立良好企业形象，提高经营效益。

企业发展，人才培养是关键。自淄博市黄河工程局成立之初，便设立了人才培养专项基金，用于人才培训、交流和奖励等，到2012年该项基金已达100余万元。经过多年来一以贯之的人才培养，到目前，该局已拥有一级建造师16名，二级建造师23名，造价员5名，有30名同志通过了建设部安全生产上岗考核。近些年，针对年轻大学生不断增多的实际，有意识地将年轻同志安排到各施工项目部锻炼，采取"师带徒"的方式，使他们在锻炼中成长，在实际工作中进步，逐步成为技术骨干，从而有效提高了企业人员素质，改善了人才结构，增加了人才储备。

▲ 工程局职工研制的多功能堤防开槽机获创新奖

项目部管理，是施工企业管理的核心。市局制定了《企业内控制度审计办法》和《项目部综合管理办法》，成立了由审计、监察、财务、工务等部门组成的工作组，定期对项目部的管理进行指导，严格对各环节的监督和控制，严防不合理支出，防止国有资产流失，保证每一个项目部都是企业的健康细胞。工程局在项目部管理中突出质量、安全、效益三个关键环节，配齐配全各类管理人员，加强监督机制和相互制衡机制建设，狠抓材料采购关、资金支出关、安全生产关、质量监督关，确保工程安全、质量安全、干部安全。通过加强管理，优化施工工艺，努力增加施工效益，达到"干一项工程，交一方朋友，得一方信任，赢一方市场"的目标要求。

▲李振玉局长（左二）检查施工质量

❖ 供水产业逐步壮大

　　淄博河务局辖两座引黄涵闸，设计引水能力65.3立方米每秒，多年平均年供水量为1.18亿立方米。2001年以前，淄博河务局供水范围仅限于高青县59万亩农田灌溉，加之受上游来水及当地降雨影响，供水效益一直处在一个较低的水平，每年水费收入一般在三四十万元，最多不超过60万元。2001年以后，随着黄河水量实行统一调度和渠首工程供水价格的提高，及时调整引黄供水工作思路，转变传统观念，积极拓展供

▲检查供水设备运行情况

水市场，不断扩大用水范围。一改过去仅向高青县供农业用水的单一局面，逐步将黄河水送到了张店、临淄、桓台、周村等区县，引黄供水类别除农业用水外，还涵盖了生活用水、工业用水和生态用水，供水量和水费收入大幅度增加。

在拓展供水市场中，通过积极向当地政府宣传引黄供水形势，宣传黄河水质优价廉、保证率高的优势，促成了"引黄济淄"二期工程建设。该工程日供水能力达到25万吨，年均用水6 000万立方米。淄博市是一座工业城市，而其水资源又极为短缺，针对这一实际，淄博黄河供水部门组织力量深入各用水户深入调研，并在调研论证的基础上，为各企业量身定做供水方案，从而逐步提高了各工业企业使用黄河水的积极性，用水户逐年增加。

★ 骄人数字

2001~2004年，共引水5.04亿立方米，水费收入986万元，是过去10年水费收入总和的2.6倍。2005年水费收入达到突破性的近400万元，此后，每年水费收入均在600万元以上，2012年水费收入近900万元。

用水规模扩大后，如何实现"两水分计"成了供水工作中的新问题。如刘春家引黄闸，不仅担负着高青县东部32万亩农田灌溉任务，而且还担负着"引黄济淄"和向高青县城供生活用水的任务，存在闸后供水渠道不分的问题，易造成工农混用现象的发生。另外，由于工农业用水水价差异，用水单位存在"农水工用"的思想意识，这给"两水分计"工作带来很大难度。对此，积极采取措施，强化供水管理，严格执行"用水先申请，审批依标准，供水按程序"的"订单供水制度"，努力实现"两水分计"。

❀ 背景链接

2001年，仅有三家中小型企业使用黄河水。当前齐鲁石化公司、博汇集团、东大化工等十几家大型企业均用上了黄河水，工业用水量一度突破5 000万立方米。长期有效地使用黄河水，还为淄博市改善了工业投资环境，促进了经济发展，对一批工业项目，如南定热电厂扩建、齐鲁石化72万吨乙烯扩产、山东博汇纸业有限公司30万吨生产线和热电厂扩建、齐鲁化学工业区等的立项或开工起到了积极推动作用。

▲ 黄河水浇灌的高青大米荣获国家地理标志

☞ **延伸阅读**

淄博河务局供水部门曾通过算一笔简单的供水账来提高大家的认识：在一般月份，一座小型引黄闸，日平均引水流量5立方米每秒，如果把这5立方米每秒流量的工业和城市生活用水转嫁为农业用水，供水单位这一天的经济损失就是47 520元，接近一个普通职工一年的工资，如果是在4~6月，损失是其他月份的1.2倍。

● 提高认识，把"两水分计"放在供水工作的首位。

● 加强"两水分计"宣传，营造良好工作氛围。黄河是一条资源性缺水河流，水资源供需矛盾十分突出，黄河下游之所以能用上黄河水，实现黄河常年畅流，这是黄河水量统一调度的结果。淄博河务局大力宣传黄河水资源供需形势和水量调度的重要性、必要性，使各级政府和用水单位真正认识到黄河水来之不易；宣传引黄渠首工程供水价格是国家核定的，目前仍然偏低。通过宣传，征得地方政府和用水单位的理解与支持。

● 严格"两水分计"，努力提高供水收益。除认真贯彻执行《山东黄河引黄供水协议书》外，还在此基础上增加了补充条款。即供水方如发现需水方转嫁供水用途，供水方有权立即关闸停止供水，造成的损失由需水方负责，并将本时段供水量全部计入工业用水量。在每次签订供水协议书时，都要把供水数量、类别、水价一一注明，便于供需双方掌握、操作。这一做法有效避免了需水方"投机取巧"和事后矛盾，彻底杜绝了引水无协议、协议不缴费的现象。

● 在工农业供水渠道难以分开的情况下，采取了分开引水时段的方法，避免工农业用水同时段同渠道运行。也就是说，在某一时段内要放农业用水，就仅限于农田灌溉使用。待农业用水时段结束后，根据需要，遵照协议，再开闸引蓄生活和工业用水，这样虽然增加了很大的工作量，但可有效避免工农不分、工农合用、农水工用现象的发生。

● 2012年始，为不误各种用水需求，科学供水，有效地尝试了"终端分供"，反映良好。

以上措施的实施，不仅理顺了供需双方的关系，还便于界定农业与工业、生活用水水量，使工业用水比例大幅攀升，供水效益实现突破。

◀◀ 刘春家引黄济淄分水闸

❖ 努力培育新经济增长点

2002年，淄博河务局紧紧抓住地方交通部门建设"惠青黄河公路大桥"的机遇，通过卓有成效的工作，实现了对大桥的参股经营，参股比例达到25%以上。根据公司法有关规定和与交通部门的协商，惠青黄河公路大桥股份有限公司的副董事长、副总经理、监事长、财务部门主要负责人等公司高层管理岗位由河务部门人员担任，并配备了部分其他管理人员。该桥于2006年正式通车运营。到2012年，淄博河务局已实现分红收益450万元。

利用四宝山专用铁路、料场这一资产优势，大力发展仓储物流产业，年收益可达200万元。利用市局办公楼、高青黄河河务局服务楼等区位优势，开展对外租赁，年收入近300万元。

▲ 筹建中的四宝山仓储项目效果图

2007年8月，黄河淄博段被命名为"国家级水利风景区"。淄博河务局利用这一金色招牌，经过广泛磋商，与高青县政府、地方有关企业达成了联合开发黄河生态旅游的协议。到目前，"黄河楼"主题公园等5处生态旅游项目已建设过半。届时，淄博黄河面貌将发生显著改观，黄河生态旅游也将成为新的经济增长点。

◀◀ 黄河生态旅游区开发项目签约仪式

蓝图：经济激活一盘棋

经过长期的艰辛探索和努力，淄博黄河河务局经济工作取得了长足发展。无论是经济总量、经济增长率，还是人均创收量、职工人均收入均列全河各市局前列，但在进一步的发展中，依然面临着巨大的挑战和机遇。在对现实与形势进行深入分析的基础上，淄博黄河河务局对下一步的经济发展作出了新的规划，绘制了新的蓝图。

❖ 主要措施

● 将经济工作放在更加突出的位置，进一步加强对经济工作的领导。统筹好经济发展和治黄业务、文明建设的关系，彻底摒弃"经济工作是经济部门的事情"的错误思想，各单位、各部门在开展工作的同时，都要考虑与经济发展相结合的问题，切实树立经济工作"一盘棋"思想，实行"一把手"负责制，作为全局工作的"重中之重"抓紧抓死，抓出成效。各级普遍建立专门的经济工作领导机构和办事机构，全面组织领导好各项经济工作的开展，专题研究和解决好经济工作存在的问题和困难，为经济工作开展创造良好的发展环境。

● 进一步强化管理，向管理要效益。在切实抓好对企业的经营管理、施工管

⬆ 施工机械

理、财务管理和安全管理的同时，着重强化对项目部的跟踪管理，力求最大经济效益。另外，要进一步加强成本核算和控制，积极清理往来账款，努力提高资金使用效率。

● 进一步建立行之有效的激励约束机制，调动各级工作积极性。一是进一步修订完善《经济工作考核指标体系》等相关制度，对经济工作实行一票否决制。结合当前实际，在进一步加大对县局经济工作的考核力度的同时，新增对养护公司、供水分局的对外经营创收指标，实行加压驱动，鼓励其利用人员、资产优势，承揽经营项目，提高收益。二是积极推行企业分配制度改革，建立起收入能高能低的有效激励分配机制，将职工收入与企业绩效和职工的贡献挂钩，进一步调动企业职工的工作积极性。三是实行经济信息奖励政策，鼓励全局职工想经济、议经济，为经济工作出谋划策，贡献力量。

● 进一步加大创新力度，为经济发展提供动力支持。创新是推动事业发展的不竭动力，要把创新思维和解放思想统一起来，以创新的思维、创新的理念、创新的精神、创新的方法，研究经济工作，解决经济工作运行中的问题，勇于尝试新的经济工作方法，加快发展步伐。

● 进一步做好节支工作。树立节支即是创收的思想，采取更加有力的措施，实现节支工作新突破。一是全局财务统一管理，集中财力办大事，堵塞漏洞，防止国有资产流失。二是尽量压缩公用经费，以2012年为例，全局年人均压缩公用经费5 000元，全局年均节支要达到100万元以上，并层层抓好落实，确保这一目标实现，达到增收与节支双赢。

❖ 主要目标

● 全面夯实第一产业。在统一领导、强化管理的前提下，将土地开发重心下移，由县局一级全权负责，并作为其经济工作中心抓紧抓好。在现有基础上，进一步优化淤区种植结构，尽快实现规模效益、品牌效益。克服重开发轻销售的做法，充分发挥苗木开发销售公司的作用，一手抓开发，一手抓销售，广揽市场信息，把握市场脉搏，重点在销售环节上下功夫，建立一套完善的开发销售机制，使苗木效益得到最大发挥。

● 健康壮大第二产业。尽快完成施工企业整合，达到"优势互补，形成合力"的目标。在此基础上，进一步发挥"一级资质"的市场优势、信誉优势，不断将企业做大做强。一是采取更为灵活的用人机制，切实加大人才培养和引进力度，为企业发展提供有力的人才保障。二是高度重视投标工作，努力提高标书质量，切实提高中标率。三是进一步加大市场开拓力度，在承揽大型工程项目上下苦功，多承揽规模大、效益好、影响力强的项目，不断膨胀企业规模，提高市场占有率和企业抗风险能力，真正成为全局经营创收的主力军和支柱产业。

● 巩固提高第三产业。充分发挥区位优势，抓好房地产资源的开发与管理，实现"以楼养楼"的良性循环。紧紧抓住淄博市对四宝山脆弱生态区进行环境治理

▲ 预制加工

▲ 施工现场

▲ 修筑围堰

和开发的机遇，切实搞好所属土地的整体规划和现代物流产业的全面完善，力求更大经济收益。充分利用淄博黄河段丰厚的人文内涵和自然资源，以"黄河楼"主题文化园为突破口，大力发展黄河旅游。

● 利用好"两个政策"，千方百计延伸供水产业链条，努力增加行政事业性收费水平。随着水价政策的再次调整，"水"的效益进一步凸现。新水价政策已全面落实到位，下一步着力抓好以下工作：一是与地方政府联合，尽快上马直供水项目，获取大的供水效益。二是进一步规范滩区引水秩序，加大分散取水口的水费征收力度，维护黄河部门的合法权益。对有条件的滩区，建立小型扬水站，在服务当地农业生产的同时，进一步增加收益。针对标准化堤防建成后堤顶运行车辆增多的实际，进一步加大堤防养护费、工程维护费等行政事业性收费力度，努力提高收益。

⬆ 绿色水稻生产基地

👉 延伸阅读

据统计，2006年以来，淄博河务局弥补事业经费不足9 100余万元，改善办公生活等基础设施投入6 588万元，还形成单位积累过亿元。在雄厚的经济实力支撑下，通过采取分配政策调整、向基层倾斜等措施，他们多年来孜孜追求的共富目标得以实现。目前，全局上下统一工资标准，广大职工只有岗位分工不同，而无收入标准差异，发展经济的成果由职工共享，在全河形成了极具鲜明特点的淄博共富模式。

大河律动文明曲

大河律动文明曲

全国文明单位

2011年12月20日，淄博黄河河务局被中央文明委授予"全国文明单位"称号，这是山东黄河系统首家获此殊荣的单位，也是全河省、市级河务局中第一个全国文明单位。

全国文明单位，被誉为我国精神文明建设领域塔尖上的明珠，是一个单位整体文明程度和科学发展水平的集中体现，也是含金量最高、综合性最强、影响力最大的品牌。

▽ 全国文明单位揭牌

曾几何时，黄河下游两岸流传着一首民谣："远看是挖炭的，近看是要饭的，仔细一看是河务段的。"一首短短的民谣，真实反映了基层黄河修防工人曾经的尴尬。

▲ 20世纪基层办公场所

成立于1990年的淄博黄河河务局，也曾重复着黄河人的心酸往事：生活工作在农村，守着大河过苦日子。

20世纪90年代后期，我国经济迅猛发展，水利基础行业投入大幅增加，黄河治理与开发迎来了新

▼ 如今的基层段所

▲ 荣誉满室

的机遇。

淄博黄河人选择了与时代同步，开放治河，主动融入，成功走出了一条"单位强、职工富"的发展之路，实现了机关驻地由村到县城再到市区的"三级跳"。

20世纪90年代初，淄博河务局由刘春家镇迁往高青县城，2003年，又迁至淄博市委、市政府所在地张店区。放眼现今的淄博河务局机关，一栋9 000余平方米的现代化办公大楼矗立在市区的繁华位置，紧挨其后的是两栋户均130平方米、总建筑面积8 000多平方米的宿舍楼。回忆建局之初，位于黄河岸边仅有几排平房的机关驻地，淄博黄河人无不为单位的发展变化交口称赞。

有了较强的经济实力，淄博黄河以人为本，以建设管理文明、行业文明和生态文明为主线，整体推进文明城区创建工作，不断提升黄河人的精神面貌和文明素质，赢得了一系列当之无愧的荣誉，成为展示黄河风采的"文明窗口"。

※ 背景链接

2004年，淄博河务局刘春家管理段等3个基层单位被淄博市政府命名为"文明绿色家园"。

2006年，淄博河务局荣获"省级文明单位"称号。

2007年，黄河淄博段被评为"国家水利风景区"。

2009年，淄博河务局被评为"全国全民健身活动先进单位"。

2009年，马扎子管理段被中华全国总工会命名为"模范职工小家"。

2010年，淄博河务局被黄委评为"五五普法先进单位"。

2010年，高青河务局被命名为"省级文明单位"，淄博河务局文明单位创建率达到100%。

2011年，淄博河务局被评为"全国文明单位"。

潮平两岸阔

　　潮平两岸阔，风正一帆悬。在新时期治水思路的指引下，淄博黄河人除害兴利，开拓前行，确保了黄河安澜和一方百姓生命财产安全，促进了流域经济社会的协调发展，以文明和谐的良好形象长袖善舞、尽显风流。

　　事业发展是文明创建的基石。淄博市委、市政府高度重视治黄工作，黄河部门积极作为，各级各有关部门通力配合，夺取了黄河防汛抗洪的全面胜利。20多年来，在黄河多次发生较大洪水的严峻形势下，淄博黄河人同心协力，顽强拼搏，初步建成了由堤防、险工和控导工程组成的较为完善的黄河防洪工程体系，确保了沿黄人民群众生命财产安全。

◀◀ 险工巍峨

▶▶ 堤防如画

▲淤区桃花灿

1998年以来，淄博河务局建成了山东黄河首批防浪林种植试验段，2007年又对该试验段进行了高标准规划和更新，一条四季常绿、三季有花，景点有特色、环境优美的百里生态长廊展现在淄博人面前，大大提升了高青县的生态环境和投资环境，拉动了高青县的第三产业，特别是黄河生态文化游等旅游产业发展。

2008年10月，淄博黄河标准化堤防主体工程全线完工，工程质量合格率达100%，集防洪保障线、抢险交通线和生态景观线于一体，形成了完善的黄河防洪体系和生态体系，为确保淄博人民群众生命、财产安全奠定了坚实基础。

20多年来，淄博黄河人不仅打造了坚固的防洪屏障，而且锻造了一支有组织、有纪律、有技术的防守大军。黄河防汛坚持以人为本，在责任制落实、群防队伍建设、防汛抢险技术培训、"数字防汛"建设等方面取得了新突破，先后建成应用了淄博黄河防汛指挥调度决策支持系统、防汛信息管理系统、工情险情会商系统、水雨情及气象信息发布系统和水情自动化测报系统，为防洪决策提供了科学依据。

淄博是全国严重缺水的城市之一，黄河水又是唯一可直接引用的客水资源。在防洪保安的同时，淄博河务局大力实施"供水兴利"战略，有力支持了地方经济的强劲发展。

黄河，成为淄博经济社会可持续发展的重要命脉。

淄博河务局利用自身土地优势，主动联系当地政府寻求桑园合作：河务部门整体出让土地，修缮配套设施，优惠承包给农民；丝绸公司提供技术和苗木，保护价收购；政府提供适当补助，共同开发采叶园、育苗园、观光采摘园。该项目将经济效益、生态效益、旅游效益和抢险应用融于一体，成为淄博黄河淤区开发模式的又一创新。

淄博河务局还深入挖掘黄河历史文化，收集整理治黄留存的器具、古石碑、古诗词，对沿岸文化古迹展开调研，编纂《淄博黄河志》，出

▲ 淄博黄河淤背区3 000亩高效生态桑林示范园

版了《淄博黄河大事记》。目前，淄博河务局已在黄河沿岸建成了两处较大规模的文化景区，布设了安澜卧牛、河之韵、警钟等标志性雕塑，内涵深刻，寓意高远，其中马扎子险工还被评为市级爱国主义教育基地。2007年，黄河淄博段被命名为"国家水利风景区"后，黄河部门又着手与地方政府联合共建"黄河楼"博物馆和黄河文化广场。一个以黄河为依托、融生态旅游和自然景观于一体的文化生态景区成为黄河部门开展文明创建的重要阵地。

▲ 黄河淄博段成为骑行爱好者的乐园

源头活水来

问渠哪得清如许，为有源头活水来。淄博河务局文明创建的丰硕成果源于机制创新激发的蓬勃活力。

在精神文明创建过程中，淄博河务局注重建立稳定的长效机制，推进创建工作向深度和广度发展。在深化细化领导责任机制、形成合力机制、统筹协调机制、宣传发动机制、投入奖惩机制和督察落实机制上狠下功夫，做到有章可循，各负其责，落实到位，常抓不懈，促进了创建工作科学化、制度化和规范化。

▲ 党的群众路线教育实践活动

▲ 党组中心学习

推行"一把手"负责制。成立了局党组书记、局长任组长，有关部门负责人为成员的精神文明建设工作委员会，设置办事机构，基层各单位也都成立了相应的组织，形成了横到边、纵到底的组织网络，做到精神文明创建有人管、有人问、有人抓。全局实施"四个一"文明建设，即：每月开展一次文明活动，每季度召开一次文明委例会，每半年进行一次思想状况调查，每年召开一次精神文明建设总结会。

制定切实可行的创建目标以及分阶段、分批次、分步骤的实施目标。用制度明确任务、规范职责和考核标准，使精神文明建设有标准可衡量，有办法可操作。同时，逐年加大文明创建硬件建设的投入，先后投入资金千余万元，改善了机关、基层段所的办公、生活、住宿设施，不断提高基层职工的幸福指数。逐步完善内创外争机制。"内创"即用规范的创建档案，促进各项工作的完善提高。"外争"即与当地主管部门和业务上级坚持经常性汇报联系，取得指导、支持。在奖惩机制方面，淄博河务局把文明创建结果作为年终考核评先的重要依据。如创建省级文明单位的奖励30万元，保持原有称号的奖励2万元等。

出台了《重大决策议事规则》、《领导干部学法制度》、《重大疾病医

▲ 星级的职工宿舍

▲卫生整洁的职工食堂

▲餐厅

疗救助实施办法》等多项规章制度，内容涉及队伍管理、目标考核、财务管理、组织管理等门类，增强了干部职工按程序办事、按规范操作的意识。

坚持"以人为本"的核心理念，深入开展党务政务公开，不断提高职工参政议政的能力，大力开展思想调研活动，摸准职工的思想脉搏，及时化解矛盾，从而有效地保证了单位和谐稳定，营造了干事创业、积极向上的和谐氛围。

◀◀职工素质「加油站」

润物细无声

文明的单位源于文明的员工。

随风潜入夜，润物细无声。在文明创建过程中，淄博河务局开展了如火如荼的学习活动，干部职工如沐春风，受到滋养身心的感召与洗礼。

在创建工作中，淄博河务局坚持"以

▲ 重温入党誓词

人为本"，制定职工教育规划、计划和意见，全面提高干部职工队伍素质，积极打造学习型单位。开展以党的宗旨教育、"三个代表"重要思想教育、科学发展观教育、荣辱观教育、核心价值观教育等为主要内容的系列教育活动，引导职工树立终身受教育的观念。组织开展岗位练兵活动，鼓励职工参加各种形式的学习培训活动，有效提高职工业务素质和知识结构层次。

先后印发了《关于开展"日阅一文、月写一篇、季读一书、半年一讲"活动的通知》、《关于开设"机关干部能力提升讲坛"的通知》，专门成立活动领导小组和评价小

▲ 参观焦裕禄纪念馆

▲ 举办道德讲堂

▲ 读书会

组，领导班子成员做到了先学一步，学深一点，为干部职工做出表率。每年组织"机关干部能力提升讲坛"两期，机关干部职工人人登台演讲，提升工作能力。

在创先争优活动中，淄博河务局把创先争优活动与文明创建工作紧密结合起来，以此推动各项工作的开展。广泛开展荐书、读书活动，订购了《责任胜于能力》、《中国为什么有前途》、《沈浩日记》、《毛泽东箴言》等书目，建立专题学习园地，形成领导带头学、干部职工共同学的浓厚氛围。组织开展"党员先锋集体"、"党员示范岗"活动，先后有4个基层党组织、20名党员受到上级党委的表彰。开展党建知识竞赛，组织党员干部参观革命教育基地等活动。

在党风廉政建设教育方面，制定和完善了《党风廉政建设责任制实施办法》、《廉政谈话提醒制度》和《领导干部廉政责任制追究制度》等，层层签订《廉政目标责任书》，进一步增强各级的责任意识。通过廉政谈话，落实"两权监督"，使廉政关口前移，对先进评比、干部使用实行"廉政一票否决"，有效促进了干部队伍的廉政建设。

在法制宣传方面，建立健全组织领导机制，制订法律学习规划、计划，深入开展知识竞赛，开设网上法制课堂，开展"法律进机关、进学校"活动，完善法制建设。

▲ 廉政警示教育

积极开展机关文化建设，拓展文明创建的内涵，大力开展理想信念、职业道德、社会公德和家庭美德教育，激发干部职工爱国、爱河、爱岗热情。组织干部职工开展"单位精神、部门理念、人生格言"评选活动，达到自我教育、凝聚力量的目的。加强机关文明办公教育，"机关工作人员十不准"制度上墙、上桌，坚持每季度检查考核制度，不断提高机关工作质量、效率。

文明职工、文明家庭是文明单位的细胞。淄博河务局每年持续开展"文明职工"、"文明家庭"、"道德模范"、"巾帼建功立业先进个人"等评选活动，培养典型，以点带面，掀起全局文明创建的热潮，涌现出一批批文明单位、文明家庭、文明职工、道德模范、身边好人、巾帼建功立业先进个人等典型。

▲ 全市创建全国文明城市表彰大会

民生大过天

　　民生大过天，枝叶总关情。淄博河务局始终坚持以人为本的理念，全力以赴保障和改善民生，织就了一幅和谐幸福的民生画卷，为治黄事业发展凝神聚力。

　　注重加强基层单位建设。先后投资200余万元为所属刘春家管理段、马扎子管理段、大刘家管理段全部建起了办公楼，总建筑面积达2 300平方米，并按照"一段一景，各有特色，既具观赏性，又有经济效益"的原则，对庭院进行高标准规划和建设。基层管理段先后获得全国模范职工小家、黄委文明示范窗口、山东黄河文明河务段、五星级文明段所、淄博市文明绿色家园等荣誉称号。

▲淄博黄河建设管理基地

淄博黄河建设管理基地位于高青县刘春家黄河大堤旁的黄河岸边，是一座现代化的荆楚风格的建筑。基地的落成，将附近7个局属单位集中在一起，实现了基层资源整合与共享，改善了一线职工的办公生活条件，同

▲ 黄河文化展厅

时还可接待游客、承办小型会议、开展爱国主义教育活动等，成为山东河务局一大亮点。

👉 **延伸阅读**

　　淄博黄河建设管理基地占地约30亩，主体建筑为两层组群式，青瓦灰墙，呈较明显的荆楚建筑风格，总建筑面积约3 800平方米。室内装修及设施比较考究，一楼厨房里，和面机、馒头机、锯骨机、绞肉机、蒸箱等现代化厨具应有尽有。二楼有接待室、活动室、阅览室、投影室等。主楼右边有一个现代化会议室，可容纳百人会议。基地还设有治黄传统展室，有马灯、电石灯、手摇电话、老式电台、打冰锥、熏图筒、小推车等，让人恍然回到那个激情燃烧的岁月。

　　在文明创建活动中，淄博河务局以解决干部职工关心的热点、难点问题为突破口，关注民生，兴办实事，下力气解决一些干部职工关心的难点问题，营造一个人人讲文明、树新风的良好环境，着力提升干部职工的生活满意程度、心情愉悦程度、身体健康程度和人际和谐程度。全局干部职工真切感受到文明创建带来的变化，实实在在地享受到经济发展带来的成果，对单位的认同感、归属感、幸福感、自豪感日益提升。

▲ 基层养护职工自建的田园风光般的庭院

　　在收入分配上，淄博河务局本着"以人为本，心系民生，稳高增低，缩小差距"的原则，实行两次分配过程：一次分配（即基本工资）按国家政策规定执行；二次分配（即奖金补贴）基本拉平，向基层和低收入者倾斜，照顾老弱病残，逐步缩小差距。"共富"模式的分配办法实施后，大家的年终奖连年增加，差距逐渐缩小，职工群众的满意度大幅提高。

▲ 基层职工大都有了私家车

　　早在2008年，淄博河务局就提出"发展为了职工、发展依靠职工、发展成果由全体职工共享"这一目标，积极办好十件实事，明确负责人、责任人和完成时限，并随时督促。近年来，累计为职工办理各类实事达50余件，内容涉及职工住房、办公

生活条件改善、收入增长、医疗健康、子女就业、生活福利等多个方面。

淄博河务局已建设冬暖大棚7个、大田蔬菜80余亩、果品园410亩，建设养猪场、养鸡场、鱼塘、奶牛场5处，所有产品全部达到"绿色有机无公害"的标准，每年都向全局职工无偿发放。

◀◀ 诱人的西红柿让人食指大动

▲ 生活基地内的黄瓜挂满枝头

淄博河务局从市局、县局到基层河务管理段三级均建立了体育活动场所。市局机关投资20多万元建成职工健身中心，面积338平方米，划分乒乓球、台球、健身、棋牌娱乐等四个功能区域。高青县局室内健身场所总面积超过700平方米，室外健身场所总面积近10 000平方米。这些健身场所的建成和投入使用，不仅满

▲ 荣获全国全民健身活动先进单位称号

足了全局职工的健身需求，还通过对外开放的形式为周边群众提供了方便。

▲ 参加市直机关运动会

▲ 拔河比赛

在开展全民健身活动中，坚持以人为本，把落实《全民健身纲要》和促进职工体育健身作为活动重点，开展了一系列丰富多彩的群众性体育活动，做到了平时有活动、节日有比赛，实现了常年健身活动不断线的目标。还先后承办了山东黄河系统乒乓球比赛、山东黄河系统老年门球赛以及淄博市市直机关运动会等较大型体育比赛，并组队参加黄河系统乒乓球比赛、山东黄河系统篮球比赛、离退休职工太极拳比赛等活动。

报得三春晖

谁言寸草心，报得三春晖。淄博河务局在实现跨越发展的同时，积极履行责任，倾情回报社会。他们大力倡导干部职工投身社会公益事业，并将活动与文明创建、提升队伍素质紧密结合，大力弘扬济危救困、奉献爱心、担当责任的文明风尚。

从帮扶结对到扶贫济困，从资助个人学业到资助乡村建设，从抗击旱涝灾害到支援地震灾区，从支持城市文明创建到资助社会文化事业……社会公益事业中处处都有黄河人"慈心为人，善举济世"的身影。

▲ 向阳谷河务局捐建"黄金书屋"

2012年，根据水利部"为民服务创先争优"结对共建活动要求，山东河务局安排"全国文明单位"——淄博河务局与阳谷河务局文明结对共建。在淄博河务局的鼎力帮助下，阳谷河务局积极开展"省级文明单位"创建工作。

——为阳谷河务局购买书籍，捐建"黄金书屋"。

——投资10多万元并组织力量将阳谷河务局机关近1 000平方米的庭院砖铺地面改建成大理石地面。

——淄博河务局资助26万元、阳谷河务局自筹35万元对办公楼外墙、门厅、楼梯间和走廊等场所进行粉刷，将办公室门窗更换成套装门窗；对阅览室、文体活动室、党员活动室、荣誉室、文明办公室进行简易装修。制作并悬挂了40余块以廉政建设、安全生产、精神文明等为主要内容的玻璃展板，营造了浓厚的文化氛围。同时还购置了跑步机、多功能训练器、乒乓球案、台球案、棋牌桌和室内外健身器材等文体设施，丰富了职工文体活动。

▲ 慈心一日捐

▲ 慰问团文艺演出

在淄博河务局的鼎力支持下，2012年12月，阳谷河务局成功晋升为"省级文明单位"。

淄博河务局每年组织"慈心一日捐"、无偿献血等活动，并积极参加向汶川、玉树等灾区捐款活动，局领导班子成员带头以大额党费的形式向灾区捐款；积极参与帮村结对，先后投资近10万元支持新农村建设。

专门成立了关爱空巢老人的组织，制订了实施方案，积极组织相关活动。机关党组还成立了志愿服务队，根据个人所报的专业特长，进行服务分工。除党支部统一组织公益服务活动外，各专业服务小组自行组织开展如家电维修、汽车维修养护、管道疏通、法律援助、健身教练、会计咨询、红白理事等活动。积极参与淄博创建文明城市活动，投资3万余元，按市文明办安排悬挂宣传标语、口号等，为淄博市创建"全国文明城市"作出积极贡献。

十分重视未成年人思想道德建设，除要求全局干部职工加强对子女的教育管理外，积极参与地方政府组织的活动，援建乡村少年宫1处，组织为乡村少年捐书等活动，组织机关女职工积极参加"春蕾助学"活动。

一次次努力，一次次丰富，一次次闪光……淄博河务局在文明创建道路上迈出了一个又一个坚实的脚步，最终成功摘取"全国文明单位"这颗塔尖上的璀璨明珠。

捌

风正扬帆骧宏图

风正扬帆骧宏图

南山北水　舞动淄博

巍巍齐鲁，腹地淄博。

展开山东地图，作有趣的连线，其几何中心正好是淄博。这种区位优势，对其发展具有独特的支撑作用。

作为工业名城，淄博曾有着辉煌的过去。早在春秋战国时期，这里就是东方霸主齐国的都城，"临淄之中七万户，临淄之途，车毂击、人肩摩"的记载，彰显了当时工商业的发达。

然而，重工业起步，依靠拼资源和能耗、牺牲环境发展起来的淄博，也深受资源枯竭之痛。在跻身我国工业经济过万亿元的16个城市的同时，也成为水资源严重缺乏的城市。人均占有水资源量只有346立方米，仅为全国人均占有量的15%。

▲ 齐鲁明珠——淄博

　　2005年3月，《山东半岛城市群区域发展规划》将淄博市列入山东半岛城市群8个城市之一；2007年8月，山东省委、省政府提出了"一体两翼"的区域发展战略，淄博市被确定为省会城市群的重要组成城市；2009年11月，《黄河三角洲高效生态经济区发展规划》将淄博市高青县纳入其中；2011年1月，《山东半岛蓝色经济区发展规划》将博山节能环保产业基地、桓台东岳氟硅材料示范基地、沂源生物医药示范基地、淄博大亚船舶配件示范基地等4个基地列入海洋产业联动发展示范基地。这种叠加的区域经济发展政策定位，凸显了淄博市中心城市的作用。

　　水，是生命之源、生产之要、生态之基。对于淄博这样的工业城市，水更显至关重要，成为制约淄博经济社会高速发展的瓶颈，传统的发展动力因此而减弱。

　　无水无民生，无水无发展。水成为淄博发展史上，绝对绕不开的话题。

▽ 黄河成为淄博"南山北水"开发战略的北部核心

▲ 马踏湖

南依泰沂山麓，北濒九曲黄河。

"南山、北水、东古、西商、中文化"，这是淄博资源组合的形象表述，也是淄博未来发展的关键词。

▲ 供水渠道

凡是闻名的城市，总有一条著名的河流与之相随相伴。20余年前，淄博开始靠近了母亲河，淄博人枕着黄河的臂弯，融入了黄河的脉搏，从此获得了一股强大的力量源泉。

河流是城市发展的灵魂，一个城

市，有了水才有灵性。淄博既不靠海，也没有大的内陆湖泊，地下水源日益枯竭。黄河正成为淄博强劲发展最重要的水源保障，也以其厚重的历史文化内涵和独特的生态景观而成为淄博市"南山北水"开发战略的北部核心。

引黄供水将黄河水引入了淄博的肌体。它就像助推剂和润滑剂一样，滋润出美丽的生态画卷，涵养了地下水源，也推动淄博社会经济不断迈向新的高峰。

按照淄博市发展规划，"十二五"末淄博工业产值将实现1万亿元到2万亿元的跨越。其中，黄河水，包括南水北调的长江水将通过吸引积聚大量的优质生产力，支撑其中的1万亿元。

一水引来百业兴，黄河成就了淄博，淄博也反哺着黄河。流域与区域发展相互依存，密不可分。

淄博河务局党组书记、局长李振玉："凭借黄河人良好的形象以及市里营造的良好环境，在融入地方、服务地方发展的同时，我们也从地方发展中，壮大了自己……"

✿ 背景链接

2011年，淄博市一号文件——《关于加快水利改革发展的实施意见》中提出，确立并实施"优先利用客水（黄河水），合理利用地表水，控制开采地下水，积极利用雨洪水，推广使用再生水，大力开展节约用水"的用水方略。并强调，要"用好客水（黄河水）"，"必须把扩大引黄用水放在优先位置来抓"，"特别要着眼于未来发展需要，加大客水（黄河水）补源力度，适度超前做好水资源的战略性储备"。

2012年2月，《淄博市水资源费征收使用管理实施办法》开始施行。新办法明确了黄河水、地热水、矿泉水等水资源的收费标准，其中黄河水的水资源费为每立方米0.3元，标准相对较低。此举显然在于鼓励用水户优先使用客水。

为保证"优先使用黄河水"举措的落实，淄博市"十二五"规划中提出，要完善配套50万吨每日"引黄供水"工程，到"十二五"末基本建成骨干调水引水工程体系；突出抓好刘春家和马扎子等大型引黄灌区续建配套与节水改造工程，不断提高供水保障能力。"十二五"期间，全市年用水总量控制在12.87亿立方米以内，其中地表水用水总量控制在2亿立方米之内，地下水用水总量控制在6.37亿立方米之内，而引黄用水总量达到4亿立方米，南水北调引水用水总量达到0.5亿立方米。

▲ 平整的临河堤坡　　　　　　　　　▲ 刘春家险工

　　兴水利,安江河,富民生。"科学治水","开放治河"。作为流域河段的管理者,在淄博与黄河相互交融、和谐共赢的时代大背景下,站在新的历史起点上,淄博河务局谋划出了新的篇章,淄博黄河的新梦想正在起航!

　　——践行"维持黄河健康生命"的治河理念,实施最严格的流域管理制度,以"增强单位实力、提高职工收入"为目标,以"防洪工程建设、工程管理、水行政执法、经营创收"为重点,着力构筑引黄供水、工程施工、河道运营、林木开发、跨河交通、资源租赁、物流仓储、房地产开发、生态旅游等产业链。"十二五"期间,淄博黄河水利经济总收入和单位公共积累年均增幅10%以上,到2015年经济总收入将达到2.72亿元,并将建立起实力雄厚、运转协调、特色明显、发展强劲的淄博黄河经济体系。

▲ 防洪保障线、抢险交通线、生态景观线

——"十二五"期间，继续以防洪保安全为中心，按照"防洪保障线、抢险交通线和生态景观线"要求和上级"三点一线"示范工程建设标准，重点做好《黄河下游近期防洪工程规划》淄博段建设的各项准备，强化工程日常管理，加大示范工程建设力度，使工程面貌得到持续改善，逐步实现淄博黄河工程管理标准化、管理队伍专业化、管理手段制度化、养护设备机械化；增添黄河工程的文化品位，凸现人水和谐的治水理念，实现水利工程防洪效益、生态效益、社会效益的协调统一。

——着眼于水资源的优化配置，提高水资源利用效益，实现等方供水量效益的最大化。进一步着力做好"两水分供、两水分计"工作，完善引黄供水管理制度、办法，加强监管；积极发展直供水项目，延伸供水产业链，实现从供应原水向供应半成品水、成品水的转变，提高供水效益；搞好滩区引水管理，协调好与当地政府和群众的关系，更好地服务当地经济发展及百姓生活。到2015年，供水总量达到3.32亿立方米，供水总收入达到1 518万元。

——抓住国家快速发展的机遇，努力拓宽施工领域和施工地域，加强已有浮桥项目和惠青黄河公路大桥的经营和管理，使跨河交通成为淄博黄河新的经济增长点和稳定长效的经营项目；进一步巩固老市场，积极开拓新市场，承揽一些产值数额大、经济效益好、影响力强的工程项目；还要着手市政、房屋建筑资质的升级工作，进一步加快城市自有土地开发步伐，努力争取房地产开发资质，切实改变单一的水利水土施工模式，向多元化方向发展。

——到2015年，初步建立覆盖重要控导工程、险工险段、堤防的信息自动采集体系。配备存储服务器，建立各类治黄业务数据库，建立共享体系。

▲ 参股经营的惠青黄河公路大桥

——以服务治黄发展为方向，应用科技为龙头，成果转化为重点，依托群众性科技创新活动，紧紧围绕黄河治理开发和生产经营中面临的技术难题，开展科学研究和技术攻关，多元化、多层次、多渠道的科技投入体系基本形成，科技与创新成果的科技含量不断提高。

——根据《黄河生态旅游区开发规划》及联合开发黄河生态旅游的框架协议，结合标准化堤防建设形成的新的工程面貌，加快淄博黄河水利风景区的建设步伐，积极发展淄博黄河生态旅游业。规划将黄河淄博段分为"一带两区"，即生态走廊·百里黄河生态文化观光带、大芦湖·黄河商务度假区和艾李湖·黄河生态休闲区，加快建设黄河楼博物馆、艾李湖湿地公园、黄河运动营地、大芦湖温泉度假村、假日花园拓展训练中心、大芦湖观鸟湿地等项目。

▲ "一带两区"黄河生态旅游区规划图

——继续推进与淄博市丝绸公司、高青县政府联合开发的"淄博沿黄淤背区5 000亩高效生态桑林示范园建设"项目，打造包括采叶园、育苗园、百里黄河观光采摘长廊等项目在内的千亩桑园，逐步打造黄河果品名牌。

▲ 淤背区生机盎然

蓝色畅想　黄色跨越

　　"九曲黄河万里沙,浪淘风簸自天涯"。黄河从青藏高原而下,裹挟九省区泥沙奔入渤海,冲积成中国最大的三角洲——黄河三角洲。

　　黄河三角洲的土地,宽阔辽远,湿地纵横,平缓的河水成扇形注入大海。此时的母亲河,卸下了身上的负重,在她回归大海的最后时刻,把大量的泥沙留在入海口,成了母亲河对这片土地最后的眷恋。

▼ 黄河三角洲盎然生机

从卫星遥感图上看，蓝色的山东半岛如同一只欲飞的雄鹰，而黄色的黄河三角洲则像一只卧牛。千百年来，它静静地卧在黄河与渤海的交汇处，默默无闻，甚至成为欠发达的象征。在新世纪的2009年，黄河三角洲站到了一个不同凡响的时间节点上——

2009年11月，国务院批复了《黄河三角洲高效生态经济区发展规划》，黄河三角洲进入国家发展战略；2011年1月，国务院又批复了《山东半岛蓝色经济区发展规划》。至此，山东成为拥有两个国家发展战略的省份，形成独具特色的蓝黄"两区"。

实施国家开发战略以来，"黄三角"昂然奋起，突出"高效"和"生态"两大功能定位，发展要素全面激活，与山东半岛蓝色经济区一起，成为山东乃至环渤海地区"十二五"期间新的经济引擎，也成为我

▼黄河三角洲国家级自然保护区

国发展高效生态经济的引领者。

"黄三角"的很多区域濒临渤海，因有荒滩盐碱地相隔，临海不见海，过去人们从来不敢妄称沿海城市。"黄三角"的开发让大家的思想观念发生巨变：这里是真正的沿海开放地区，要敞开胸怀，拥抱世界。

"君不见黄河之水天上来，奔流到海不复回"。黄河是一条精神和文化意义浓厚的母亲河，在"黄三角"，它却充满了拉动经济的动能，在中国区域带动的大格局中，闯出一条高效生态的独特线路。

淄博位于山东蓝黄两区经济发展的结合部，处于其东西延伸、南北连接的中心节点上。而高青，作为淄博唯一的沿黄县、融入"蓝黄"战略的"桥头堡"，无疑扮演着举足轻重的角色。

高青县地处"三市交汇、两河并流"之地，是黄河三角洲生态经济区对接省会都市圈的重要节点，高青县境内的小清河、支脉河都是黄河三角洲的重要水域。同时，高青县属于"南水北

❀ 背景链接

"黄三角"发展布局

黄河三角洲高效生态经济区包括东营市、滨州市，潍坊市的寒亭区、寿光市、昌邑市，德州的乐陵市、庆云县，淄博市的高青县，烟台市的莱州市等，共19个县(市、区)。

黄河三角洲高效生态经济区按照"突出高效生态经济主题，经济社会、资源环境相协调，探索大河三角洲开发新模式"的总体发展思路和功能定位，以黄河生态文化、民间传统文化、历史经典文化等区域特色文化为核心，深入挖掘区域历史文化和自然资源，形成面向市场同时具有鲜明绿色生态特征的现代文化产业区块和产业集群，向规模化、聚集化方向发展。

"黄三角"发展目标

到2015年，黄河三角洲高效生态经济区人均GDP翻一番，达到90 000元，单位GDP能耗降低22%，主要污染物排放总量降低20%，城镇居民人均可支配收入达到30 000元，农民人均纯收入达到12 500元，基本形成经济社会发展与资源环境承载力相适应的高效生态经济发展新模式。到2020年，人与自然和谐相处，生态环境和经济发展高度融合，率先建成经济繁荣、环境优美、生活富裕的国家级高效生态经济区。

调"东线输水线路区域，还是引黄济淄工程的渠首。

高青历史久远，物产丰富。气势磅礴的九曲黄河、特色浓郁的黄河湿地、风光迤俪的大芦湖、天鹅栖息的艾李湖、景色秀美的千乘湖，到处洋溢着水的气息；黄河大米、黄河刀

▲ 高青县油气资源丰富

鱼、黄河鲤鱼、高青西瓜、青城小吃等地方特产，享誉省内。

更为巧合的是，"高青"二字竟然暗合了"黄三角""高效"和"生态"两大功能定位：高，指高效；青，生态良好之意。"黄三角"的开发为其发展提供了前所未有的契机。

综合考虑高青县在山东省、黄河三角洲和淄博市的地理区位与经济地位，通过与东营、滨州发展特点的比较，根据高青县目前所处的经济发展阶段、已有经济基础和未来发展潜力，《黄河三角洲高效生态经济示范区淄博市高青县发展规划》提出了高青县"一园三基地"的整体功能定位：力争到2020年把高青县建设成为生态环境良好、经济循环高

▽ "天高水青"成高青名片

☞　**延伸阅读**

"一园三基地"

　　——黄河三角洲高效生态经济示范区淄博循环经济产业园。立足高青的交通与资源优势，依托其背靠淄博市老工业基地、北通天津滨海新区的区位优势，以保护生态环境为主旨，推广资源节约、综合利用和零排放的生产技术，构建节约能源、环境污染度低和价值增值高的循环经济体系，实现对淄博经济的拉动，在2020年前发展成为黄河三角洲高效生态经济示范区淄博循环经济产业园。

　　——黄河三角洲节能环保与新材料生产基地。以生态环境保护与经济效益有机结合为宗旨，积极发展节能环保与新材料产业，提高资源能源利用效率和降低污染废物排放，培育一批在品牌、质量、技术、规模等方面在黄河三角洲都处于行业龙头地位的企业，将高青县打造为黄河三角洲节能环保与新材料生产基地。

　　——黄河三角洲绿色无公害农产品基地。依托高青良好的生态环境与优质土壤，立足已有绿色农产品生产基础与优势，大力培育大米、西红柿、西瓜、淡水鱼等已有较高知名度的农产品，培植兼具生态效益与经济效益的绿色无公害农产品，在2020年前，将高青建设成为黄河三角洲地区绿色无公害农产品基地。

　　——黄河三角洲生态休闲、商务度假基地。突出高青绿色生态、休闲度假的特色，推动黄河湿地、地热资源、生态农业、特色工业、传统文化在内的旅游资源整合和旅游目标市场的深度开发，至2020年前，将高青打造为辐射黄河三角洲地区，集生态休闲和商务度假为一体，同时兼备大型会议会展举办、运动健身、康复疗养等功能的多功能基地。

效、社会文明进步、人与自然和谐的黄河三角洲高效生态经济示范区淄博循环经济产业园、黄河三角洲节能环保与新材料生产基地、黄河三角洲绿色无公害农产品基地、黄河三角洲生态休闲和商务度假基地。

　　在"黄三角"，人们已达成这样的共识："高效"和"生态"是有机统一的，没有良好的生态就难有持久的高效。"黄三角"最大的生态问题是水。这里有总面积达5 000多平方千米的黄河口天然湿地，但水资源短

▲ 高青县常家镇长势正旺的稻田

▲ 高青县黄河湿地发现白鹭

缺，又面临着保护渤海水质的重任，所以保护水资源就成为一个重要课题。

对高青而言，近期重点是做好黄河水的文章，构建城乡生态水系，合理安排城镇建设、农田保护、产业发展、生态涵养等空间布局，走集约、集群发展的路子，使发展建立在生态和谐的基础之上。

为此，高青将推进黄河湿地园林城市建设，引进黄河水入城，形成环城水系，规划在2010~2020年间加强如下工程的建设：

——马扎子引黄灌区（第二、三期）续建配套与节水改造工程　2011～2015年衬砌干支渠50千米、新建改建桥梁50座、新建改建水闸20座、改建渡槽3座；2016～2020年衬砌干支渠51.63千米、新建改建桥梁47座、新建改建水闸18座、改建渡槽4座、新建测水量水站点6处。

——刘春家引黄灌区（第二、三期）续建配套与节水改造工程　2011～2015年衬砌干支渠40千米、新建改建桥梁60座、改建水闸10座、改建渡槽3座、沉沙池清淤156万立方米；2016～2020年衬砌干支渠49.05千米、新建改建桥梁70座、新建改建水闸10座、新建测水量水站点15处。

——北支新河综合治理工程　2011～2015年疏浚治理干流20千米、支流40千米，改建桥梁10座，维修水闸2座，维修渡槽3座；2016～2020年疏浚治理干流12.86千米、支流25千米，改建桥梁10座，维修水闸2座，维修渡槽2座。

▲ 风景如画的刘春家险工

——支脉河综合治理工程　2011～2015年疏浚治理支脉河干流15千米、支流40千米，改建桥梁15座，维修水闸3座；2016～2020年疏浚治理支脉河干流11.5千米、支流35千米，改建桥梁16座，维修水闸3座。

——农村安全饮水工程　2011～2015年建设黑里寨镇、常家镇、田镇镇、花沟镇和赵店镇5处管网扩展工程；2016～2020年建设净水厂一处及高城镇、唐坊镇管网扩展工程。

——农田节水灌溉工程　2011～2015年新打机井1 000眼，机井潜水泵、泵房及电力设施配套4 000眼；2016～2020年新打机井1 250眼，机井潜水泵、泵房及电力设施配套5 000眼。

——大芦湖水库除险加固升级改造工程　2011～2015年，完成围坝高喷灌浆工程9.67千米；2016～2020年完成进湖路路面硬化工程18.3千米、水库建筑物维修加固工程及大坝安全监测工程。

——南水北调高青配套工程　2011～2015年修建引水渠30千米；2016～2020年对引水渠加固维护清淤。

——小清河扬水站灌区复建工程　2011～2015年修复灌渠40千米；2016～2020年修复灌渠40千米。

——千乘湖平源水库工程　计划2015年建成。

扬帆远航正当时，敢立潮头竞风流。"蓝黄"战略的大幕正徐徐展开，淄博高青正在路上！

毋庸置疑，"黄三角"新纲领将引领淄博黄河发展迈上新征程。再历20年，又将是一曲新的《春天的故事》。

▼ 引黄水库大芦湖

齐聚四宝山　圆梦黄河人

　　淄博四宝山，由一个美丽传说得名，即山里有"金姑娘、金骡子、金豆子和金葡萄"。

　　四宝山位于淄博市中心城区东部，有9座山体，区域总面积64.6平方千米。由于拥有丰富的石灰石、黏土等资源，从20世纪50年代开始，成为水泥建材企业比较集中之地。在半个多世纪的时间里，这个地区为淄博这座工业城市奉献了财富，但同时也造成了山体破碎、水土流失、植被损毁等严重的生态破坏。

　　2002年，淄博市委、市政府下决心治理四宝山，按城市中心区的总体规划和功能布局，实施生态修复工程，推动传统产业转型升级。

　　政府对这里的定位是，生态宜居，建设体育公园，融入文化、休闲等要素。

　　十年磨一剑。在不远的将来，四宝山将会以数万亩林海之貌展现在全市人民的面前，而一个依托淄博河务局防汛物资储备中心扩建的大型现代化、智能化的仓储物流中心也将横空出世。

　　紧紧抓住四宝山治理和开发的机遇，淄博黄河河务局谋划了一幅"单位发展、职工富裕"的蓝图，并着手实施。

　　淄博防汛物资储备中心处在四宝山街道办事处中心，是淄博市重点环境治理和开发区域。其前身

▲昔日满目疮痍

为山东黄河河务局四宝山石料采购站，主要承担山东黄河下游防汛物资的储备和管理。

随着四宝山生态修复工程的实施，中心所处的位置成为一块黄金地段。怎样让区位优势转化为经济效益？

淄博河务局瞄准了淄博市"立足鲁中、服务全国、联通国际"的物流"旱码头"发展定位，在现有防汛物资储备中心的基础上，规划投资建设淄博乃至山东最大的国家防汛物资仓库和调配中心。他们要把这一项目做大做强，并盘活原铁路、料场上千万元的基础设施，一条龙服务，使之成为淄博市一流的仓储中心，更好地为黄河经济、地方经济服务。

根据黄委、山东省局近期黄河防汛物资储备仓库建设逐步集中的规划指导思想，在黄委陈小江主任和山东黄河河务局周月鲁局长的指示

▲今秋层林尽染

▲ 淄博周村"旱码头"古商街

下，淄博黄河河务局确定了高标准建设仓库，现代化设施配套管理，兼顾对外进行仓储、物流经营的规划思路。规划在铁路料场建设8座大型仓库，面积22 272平方米，建设成山东黄河下游中心仓库。

▲ 整修防汛铁路

✳ 背景链接

储备中心料场面积大，有空闲土地，北连205国道、青银高速公路，南接309国道，非常便于大宗防汛物资的远距离调运。更为重要的是，在料场内，有黄河系统唯一的黄河防汛铁路专线2.93千米。铁路专线直通料场，分支两股，有南、北侧两个装卸货物平台。通过铁路网，向山东省内及华东和全国调运防汛抢险物资极为方便。1998年长江大水，江西九江抗洪抢险的紧急时刻，国家防总紧急启动了该专用铁路调运抢险石料，一夜紧急完成了2个车皮3 500立方米抢险石料调运到九江的任务。

防汛物资的集中储存、管理，将大大节约调运过程所耗费的时间，也节省了管理成本。建设中央防汛物资淄博定点仓库，可增加中央防汛物资储备点，增强防汛抢险物资供应的保障性，有很好的公益性和社会效益。

同时，依托中心仓库，利用仓库资源和铁路专用线这一得天独厚的条件，在完成好防汛物资储备管理的同时，开展仓库的对外仓储和物流经营；形成仓储运输基地，建立起集铁路运输、公路运输、装卸储存、代办托运为一体的综合服务中心，使22 272平方米的仓库既为黄河防汛服务，又方便当地企业。

畅通全国各地，联动大河上下！这是淄博黄河人描绘的美好愿景。

曾经，"宜居"只是黄河人遥不可及的一个梦想。

上善若水，治水人都有水的美德与坚韧。在黄河职工的字典里，更多的是奉献和承受。

黄河滚滚而下，与一线黄河人相伴的，是泥沙洪流堤坝。你是风儿我是沙，黄河人追随着这条大河，四处为家。

安居方能乐业。随着单位经济实力的不断增强，淄博黄河人开始了加强基础设施、建设幸福家园的步伐。2008年，淄博河务局党组书记、局长李振玉就提出了"发展为了职工，发展依靠职工，发展成果由全体职工共享"这一目标，"职工到城里居住和办公，子女在城里上学就业"的"住房"民生工程，"让职工吃上绿色无公害放心肉蛋果菜"的"菜篮子米袋子"工程相继实施。而今，借力四宝山发展的东风，一个更大的"让全体职工在中心城区时尚幸福生活"的蓝图已经绘就！

一些有实力的开发商已在四宝山片区储备了土地，一些文化体育

▲ 黄河滚滚而下

项目将陆续在这里安营扎寨。四宝山片区将成为淄博地产厚积薄发的区域，以其独特的资源和配套设施，这里将是淄博地产界的一匹黑马。

瞅准了区域发展潜力，承载着全体职工的殷切期盼，淄博河务局果断出击：在四宝山地区的整体规划框架下，利用黄河防汛物资储备中心现有生活区土地，开发建设占地1.9公顷、建筑面积31 000平方米的现代化都市小区——金河名居。

▲ 基层办公生活条件大为改观

　　四宝山职工宿舍区已通过论证、勘察、设计、规划、搬迁及配套费减免等环节，房屋拆迁工作正有序进行。市委、市政府领导对黄河事业的发展高度重视，对宿舍区项目建设给予了特别关注和大力支持。

　　淄博河务局党组承诺，以成本价确保全局职工每人一套。

　　20年，从偏僻的黄河岸边到繁华的都市核心，从忧房、有房到优房，黄河职工的住房三部曲，见证了淄博黄河人治理开发与管理事业取得的辉煌业绩，也见证了淄博黄河的沧桑巨变。

　　单位发展与职工幸福同步而行，立足四宝山，淄博河务局正在实现由效益型向责任型、幸福型的精彩转身。

　　淄博黄河小区与规划中的仓储物流中心相互呼应，将成为淄博黄河新的经济增长极和民生大本营。这是一幅可以触摸的真实图卷，同样也是淄博黄河美好明天的有力支点！

　　当荒山披绿，源清水秀，大河安澜，人民安康，再多辛勤的汗水都将化为沁人心脾的甘泉。淄博黄河人将继续砥砺奋进，只为，今秋丰年，来年更盛。

　　⚐ 规划待建的职工新家

附　录

附录一　淄博黄河可持续发展系列报道

黄河之梦：寻梦　织梦　圆梦

——淄博黄河可持续发展系列报道之一

欧阳新华　　于迎涛

梦想，是人类对于美好事物的憧憬和渴望。

成立于20世纪90年代初的淄博河务局经过20年的艰苦奋斗，用智慧和汗水创造出一个个奇迹，这些奇迹把一个个梦想化为现实：

——第五年，全国水利系统安全生产先进单位。

——第十年，全河工程管理先进单位。

——第十五年，经济总产值首次突破1亿元，人均创收45万元。

——第二十年，经济总产值突破2亿元，荣获"全国文明单位"，其间，淄博黄河段被评为国家水利风景区，淄博河务局被评为全国全民健身活动先进单位，所属高青河务局被评为国家一级水管单位。

淄博河务局的速度，升腾于淄博黄河人对"保增长，保民生"情有独钟、矢志不渝的梦想。

淄博河务局的道路，记录了淄博黄河人奋力创新、赶超一流的心路历程。

寻梦——怀揣美丽大黄河的梦想，与社会发展同步，主业创新，副业致富

4月的淄博黄河河务局建设管理基地院内，春光明媚。

这栋坐落在高青县刘春家黄河大堤旁的现代化建筑设计考究，风格独特。在古老的黄河边，犹如一道绚丽的彩虹，面对滚滚东去的黄河。

"这是我们的建设管理基地，是淄博河务局下属7个基层单位的集体办公场所。基地即将运行，基础设施全部现代化，基层工作生活条件大大改善。"陪同记者采访的淄博河务局纪检组长张俊华说。

多少黄河人期待已久的梦想,在这里化作触手可及的现实。

然而,在20多年前,就在这座现代化基地身边,有一个淄博黄河人永远难忘的印记。

1990年8月,淄博河务局在这里成立。

与许多市级河务局不同,淄博河务局成立晚。曾经,淄博市并不沿河,由于缺水,需要引黄河水,山东省调整行政区划,把隶属于滨州的高青县划归淄博。这样高青县黄河修防段就换了一个新上级——淄博河务局。

淄博河务局管理黄河河道45.6千米,堤防46.92千米,险工2处,控导工程7处,及一些防护工程和引黄涵闸。

局不大,管辖4个局属单位,县级河务局只有高青河务局;人不多,在职职工205人,离退休职工150人。

门前大黄河,屋后大田野。几排低矮的办公平房孤零零散落在黄河大堤上。

张俊华指着旧址一排平房告诉记者,这就是他当年工作和生活的地方。

张俊华是高青本地人,他说他的父辈就是老黄河人,"先治坡后治窝,先生产后生活"就是老黄河人的理念。"当时,为了治河防洪,黄委市、县级河务局的机关驻地大都设在偏僻的黄河岸边,给职工带来许多困难和问题。"他说。

那时候,黄河人虽然端着铁饭碗,但日子过得并不轻松,尤其是基层河务段,工作生活在农村,有的老婆在家务农,是"一头沉"家庭,孩子去城里上个学难,就业更是难上加难!

那时候,淄博河务局的干部职工就有个心愿,去城里居住和办公,子女能在城里上学、就业!

"那个梦啊,只敢想,不敢说呀!当时黄河人除了黄河就是大堤。"回忆起自己年轻时的岁月,张俊华感慨万千。

20世纪90年代初,中国经济社会发展迅速。

一边是快速发展的地方经济,一边是固守河堤关门治黄。淄博河务局到底该如何向前发展?基层的黄河职工能过上城里人的生活吗?

穷则变,变则通,通则达。淄博黄河人开始反思,开始奋起,开始睁大眼睛看世界。

时代不同了,全世界都在奔跑,要过得舒坦,没有后顾之虑,黄河人为什么不去追赶？

淄博黄河人怀揣一个春天的梦想，热切寻求一条"主业创新，副业致富"的理想大道。机遇垂青于有准备的人。淄博河务局终于抓住一个千载难逢的机会——市局机关搬迁到淄博市区。

2003年，淄博河务局在地方政府的关怀帮助下，迁址淄博市市委、市政府所在地张店区，并在市区新建了近万平方米的办公大楼和宽敞舒适的职工宿舍。

这是继20世纪90年代初，淄博河务局由刘春家镇迁往高青县城后的又一次向城市的迁移。同时，高青河务局也从刘春家镇搬到县城。

"这样一个完美的三级跳至今令人难以忘怀。"淄博河务局局长李振玉说，"高大的办公楼竖立在淄博市开发区联通大道上的时候，淄博河务局的现代化形象就此在淄博市扎下了根。"

然而，进了城不等于从此就能过上好日子，天上不会掉馅饼，要致富还得靠自己。

"搬到大城市就应该和大城市的人平起平坐，我们也要过上城里人过的好日子！"淄博黄河人开始有着更高境界的梦想，他们要实现真正城里人的生活，要拥有理想中的物质和精神生活。

黄河要安澜，黄河人要幸福，淄博黄河人想尽快实现几代黄河人孜孜以求的夙愿，更是历史和时代赋予当代淄博黄河人的神圣使命。

李振玉这样诉说当时的梦想："黄河职工的苦日子过够了，早就想过富日子，这也是大家的共识。职工的美好愿望就是我们的奋斗目标。现在，我们就是要在淄博河务局已有的发展基础上，找准更多的致富门路，让大家尽快全面小康。经过深入调查，反复研究对比，我们形成了共识：不能盲目发展，要依托自身优势做经济文章。跨河交通是优势，黄河大堤是优势，淤背区是优势，黄河水更是优势，处在经济高速发达的淄博市也是一个优势……要瞄准优势选项目，上特色项目，打造名优品牌，壮大实力，为强局富民夯实经济基础。"

要干，就要引领黄河经济未来发展趋势；要干，就要干出百年不朽之作，给后人留下宝贵的财富；要干，就要在这一代人手中变成现实。

淄博黄河人有了寻梦后的梦境图画——跟着新时代的黄河浪涛奔跑。淄博河务局在2002年前后迎来了加快发展的黄金机遇期，驶上了开往春天的希望轨道。

从那时起，更大更圆的梦想起航了！

织梦——以开放式治河、赶超全河一流的雄心壮志去打拼，赢得生存空间，赢得未来

4月，大芦湖水库碧波荡漾。

这座2001年9月竣工的中型水库为淄博市以及高青县的经济社会发展做出了巨大的贡献。

大芦湖原先是片沼泽地，后来为了满足淄博市、高青县城镇生活以及工业用水需求，大芦湖得以建设成为一座引黄调节性水库。

刚从高青县自来水公司调来水库管理局任职的王向东说："这些年与其说淄博、高青都离不开大芦湖，不如说是离不开黄河水。随着经济社会的快速发展，水资源短缺成为制约淄博经济社会发展的瓶颈。而黄河作为淄博市唯一的客水资源，被我们优先利用。"

其实黄河水相对于淄博地区来说，意义决不止一个大芦湖。

淄博河务局充分认识到自己拥有的水资源优势后，开始信心十足地编织着一个更大的"水之梦"。

李振玉说，淄博人对黄河水可谓是敬重和畏惧有加。淄博河务局管辖的黄河段虽然不长，但是典型的窄河段和地上悬河，河段洪峰高，含沙量大，险点隐患多，防汛任务十分繁重。保障黄河安全是淄博市防汛工作的重中之重，经过沿黄军民和淄博全体治黄职工的奋力抢险，分别战胜了"96·8"洪水和2003年秋汛。

确保黄河安澜，堤防是前提。为更好地保障防洪安全，自2007年初开始，淄博黄河开始进行标准化堤防工程建设，至2009年，淄博黄河标准化堤防工程全面竣工，淄博市黄河防洪保安有了工程保障。标准化堤防建成后，绝大多数堤段种植了长绿树木，部分堤段间植了高档花木，险工段进行重点美化，形成了一条四季常绿、三季有花，景点有特色、环境优美的百里生态长廊。

"我们在治理水患的同时，更想到了供水兴利。"李振玉说。

淄博河务局利用2座引黄涵闸、9处扬水站，实现年均供水1.5亿立方米，可控灌溉面积65万亩，形成了较为完善的引黄灌溉体系。自淄博市有供水记录以来，累计引黄供水30亿立方米，淤改土地8万余亩，对淄博沿黄地区粮棉连年增产丰收起到了决定性作用。

黄河水的作用有多大，淄博黄河的水之梦就有多大。

给城镇生活供水，给工业供水，给农业供水，给生态供水。淄博市

"引黄供水"工程于2001年建成通水后，黄河水输送到了齐鲁石化等国家重点企业和淄博市中心城区。2002年以来还多次向桓台马踏湖供水，使接近干涸的马踏湖重新焕发了生机。近年来，还通过管道供水的方式使距离黄河较远的张店区、周村区也用上了黄河水，实现了一种水源，一个工程，多种用途的预期设想。

淄博市引黄供水工程的建成应用和不断拓展，有效涵养了淄博市主要水源地——大武水源地，使大武地下水位回升了近百米。同时，引黄供水使淄博市改善了投资环境，加快了经济发展，对一批工业项目立项或开工起到了积极的推动作用，为淄博市这一老工业基地的经济腾飞注入了新的活力。

李振玉深有感触地说，这些年淄博河务局的发展不是一蹴而就的，而是一个不断探索、不断总结的实践过程。有些想法变成真正的新行动，首先局领导班子思想也是经过不断的碰撞和磨合，多次的研究和讨论，从存在分歧到逐步达成共识，统一了思想。

2003年，淄博河务局把眼光瞄准了黄河跨河大桥的建设。

搞水利掺和上交通？这是一个挑战。

孙汝坦，高青河务局中层干部，派驻在惠青黄河大桥，如今已10年。

"可以说，主动融入社会，参与经济社会建设项目是我们局发展可持续经济的一个成功案例。合作开始后，我们局派出3人常年驻扎在收费站，对收费站的票据和财务参与管理。"孙汝坦告诉记者，这个运行将近10年的项目已实现参股分红回报率达到83%。

一座桥，好似一道彩虹。这座桥只是跨越了黄河，但连着四面八方，甚至连着职工未来的幸福指数。

"山东河务局积极提倡开放式治河，目标就是要实现治黄与当地经济社会和谐共赢发展。"李振玉告诉记者，这一点反映在他们局里的第一产业上特别明显。

记者在高青黄河边采访时看到，被称为"狂人"的桑树种植大户赵宗利和几十个民工在高青黄河淤背区的土地上补种桑苗。

他只是高青黄河3 000亩淤背区桑林开发项目的承包户之一。李振玉说："自古高青有种桑养蚕的历史，我们利用自身土地优势，主动找到淄博市丝绸公司、高青县政府寻求桑园合作项目。"

河务部门整体出租土地，修缮配套设施。地方政府利用地方产业优势、技术优势、规模优势，实现淤背区多元化发展。

"主动融入地方经济产业，达成联合经营，共同开发采叶园、育苗园、观光采摘园等，年经济收入达600万元。该项目如今已成为淤背区开发模式的一大创新。"高青县丝绸公司的一位负责人高度评价。

这样一个依靠黄河而又延伸出一条"丝绸之路"的梦想，淄博黄河人实现了，他们敢想、敢做，因为梦，就要想。

坚定不移、坚持不懈地发展黄河经济，为单位发展筑牢经济基础。淄博河务局主动融入经济社会发展自身的同时，强化工程施工企业的内涵式发展，关闭了一些作用不大、效益不高的办事处，抓一包项目率和自营项目率，主动放弃一些效益不高的工程，有所为有所不为，虽然合同额少了，利润率却提升了。淄博黄河工程局负责人介绍，他们公司拥有水利水电一级施工资质，是淄博市唯一一家有此资质的施工企业，在淄博水利建设市场占据很大份额。他说："2012年承揽工程项目22项，合同额2.65亿元，其中一包项目率和自营项目率分别达到100%和50%。"

这些梦想的编织和实现，不断增强了单位的经济实力。有了雄厚的财力，淄博黄河人有着更大的能力和精力来加强基础建设，改善行业民生。

圆梦——共同富裕，每位职工都在黄河边工作着、生活着、快乐着

对于淄博河务局的每一位职工来说，每年的时令蔬菜基本上不用去菜市场购买。

张俊华一家都在河务局上班，因为每人每过一段时间都能得到基地的新鲜蔬菜和肉蛋，家里的绿色食品从没断过。

在刘春家河务段的生活基地，记者走进温暖的蔬菜大棚。刘春家河务段的职工告诉记者，这里根据季节的变化种植多种时令蔬菜，绿色、有机、放心，全局职工每年能自给自足。

近年来，淄博河务局职工人均收入居山东河务局首位，几乎家家都有轿车——淄博黄河美好图景，已不再是梦想！

这是一道怎样的靓丽风景？那又是一个怎样的奇妙梦境？

淄博河务局职工福利好、工资高，心情舒畅，安居乐业。

李振玉说，我们发展经济，职工确确实实得到了实惠，我们也得到了回报，那就是职工的笑脸！职工幸福指数提高，同时也促进了事业的发展，单位有向心力、凝聚力，大家干事业的劲头更大了，职工精神面貌焕然一新，提升了黄河人的形象。

有了经济实力之后，淄博河务局开始考虑合理分配。局领导班子形成共识，一致认为要本着"以人为本，心系民生，稳高增低，缩小差距"的原则实施收入分配。

"实现共同富裕，我们实行两次分配过程：一次分配（即基本工资）按国家政策规定执行；二次分配（即奖金补贴）向基层和低收入者倾斜，不亏待老弱病残，逐步缩小差距。这样执行了几年后，受到了广大职工的欢迎。"李振玉说，"这几年执行了'共富'模式的分配办法后，大家的年终收入连年增加，差距逐渐缩小，职工群众十分满意。"

梦，永远那么温馨。

在淄博市四宝山上，一个依托淄博河务局物资储备基地扩建的大型现代化、智能化的仓储物流中心即将横空出世。淄博河务局瞅准了淄博市东部商业发达以及原有的货运铁路基础，准备投资建设淄博最大的国家防汛物资仓库和调配中心，他们想把"共富"之梦拓展到山东半岛蓝色经济区和黄河三角洲高效生态经济区建设。

李振玉告诉记者，经过几代淄博黄河人的拼搏奋战，现在虽然实现了淄博河务局脱贫致富的愿望，迈上了小康之路，但与党的十八大提出的全面建成小康社会的总目标还有很长的路要走，与职工新的要求和更高的期盼相差甚远。

圆梦，圆黄河人期盼已久的梦。这个梦，在淄博永远都是以防洪保安全为主调，以经济创收为戏台，每个职工都是梦境中的主角，让每个黄河人在戏台上快乐地舞蹈，快乐地歌唱。

（本文原载于《黄河报》，2013年5月4日，第2739期）

开放治河：和谐　共赢　发展

——淄博黄河可持续发展系列报道之二

项晓光　张　倩

一边是奔流不息的万古黄河，一边是蓬勃发展的齐国故都，在这两个臂弯里，山东淄博河务局主动融入，做足水土文章，搭上经济发展的快车，一路前行。

水作桥，连着黄河与淄博

淄博，我国工业经济过万亿元的16个城市之一。

淄博，水资源严重缺乏的城市，人均占有水资源量只有346立方米，仅为全国人均占有量的15%左右。

水资源成为制约淄博经济社会高速发展的瓶颈。

黄河是目前淄博市唯一的客水资源，淄博市的工农业生产、城乡居民生活以及生态建设都需要把黄河水作为重要支撑。如果遇到大旱年份，黄河水就是救命水。

4月的淄博，草长莺飞。

沿着汩汩流淌的黄河水，行走在齐国故都，斯地斯人，对母亲河的润泽，敬重和感恩之情溢于言表。

淄博市市委书记周清利接受记者采访时说："过去十年，黄河水支撑了我市一半的新增工业产值。今后十年，尤其是在我市下一个万亿元产值中，黄河水，包括南水北调的长江水将通过吸引积聚大量的优质生产力，支撑其中的5 000亿元。"

水成为联系黄河与地方的桥梁和纽带。

淄博河务局紧紧抓住这个紧密联系的纽带，打开大门，积极与地方政府沟通，引黄供水，支撑淄博经济社会持续发展。

说起引黄，淄博市桓台县副县长尹鹏感受最深。20世纪90年代初，淄博市上引黄工程的时候，他就在淄博市发改委，常跑北京，协调项目资金。工程建好后，尹鹏又先后在淄博市周村区、桓台县任职，每一个地方他都能感受到黄河水的润泽。特别是桓台县，这个全国闻名的吨粮县，已经成为工业强县，年销售收入200亿元的企业就有4家。尹鹏告诉记者："桓台县比淄博市更依赖黄河水，这里地势高，引黄难，这几年，如果不是淄博河务局积极对接，主动服务，即使有引黄工程，桓台县的用水率也不会保障得这么到位，工业强县也是空中楼阁。"

在保障工农业生产所需的同时，黄河水的引入，对桓台县的生态建设无疑也是雪中送炭。引到黄河水后，博汇、辰龙、东岳等大型企业先后实现水源置换，每天减少地下水开采量约10万吨，大大减轻了当地地下水的负担。近几年的多次供水，使接近干涸的马踏湖重新焕发了生机；昔日农田排灌渠道的"大寨沟"，也建成了环境优美的红莲湖水利风景区，如今这已经成为桓台县一张靓丽的水生态名片。

桓台县是淄博市受益黄河水的一个缩影。

目前，每年1.5亿立方米黄河水不仅输送到齐鲁石化等国家重点企业和淄博市中心城区，还通过管道供水的方式输送到距离黄河较远的淄博市周村区、桓台县。

淄博市引黄供水管理局局长王绍臣介绍说："淄博市没引黄不可想象，没有黄河水支撑，大型工业项目的落地、发展，农业抗旱丰产，生态的恢复改善都无从谈起。"

王绍臣告诉记者，有了引黄工程，如果没有淄博河务局的精细调度，黄河水也不会成为及时可靠的保证。他透露，淄博市本来还想上一个引黄调蓄水库，但由于淄博河务局对黄河水调度有序，保障及时，该水库提议被市人大搁置了。

目前，淄博河务局有2座引黄涵闸、9处扬水站，已累计引黄供水30亿立方米，淤改土地8万余亩。

"对于淄博黄河水资源管理和调度，我们既要严肃供水纪律，严格用水管理，保证引黄不超指标，保持良好的水资源管理秩序，还要科学调度，积极协调，热情服务，满足当地经济社会发展用水需求。"淄博河务局局长李振玉说，"2009年，山东干旱。有个用水户偷偷把农业抗旱用水转为工业用水，我们知道后，连夜检查，严格执法，对用水户违规行为进行了严肃处理。此举不仅没有激发矛盾，反而因为讲原则、严格供水管理赢得了地方政府对黄河河务部门的敬重。"

严格水资源管理的同时，淄博河务局针对淄博市引黄工业用水多的特点，结合工作实际，提出"两水分供"的引黄供水思路，并率先在山东黄河实施；针对淄博市工业和农业引水高峰期有时重叠可能出现冲突的问题，提出"一个水源，终端分供"的思路，有效化解了用水矛盾，保证了各方用水需求，实行了河务部门、不同用水户的多赢。

淄博河务局还主动做好与全市水利改革发展相结合的文章。根据淄博市实际水资源状况，提出对不同水源采取不同使用秩序的用水建议，最终促成淄博市把"优先利用客水，合理利用地表水，控制开采地下水"的用水原则，写进淄博市贯彻2011年中央一号文件和中央水利工作会议精神的文件中。在文件中，促进淄博黄河发展的有关条款也纳入其中，规定淄博河务局承担有关建设、管理和监督检查任务，实现了黄河工作与地方水利改革发展的有机结合。

地为媒，牵着丝绸与文化

"桑植满田园，户户皆养蚕，步步闻机声，家家织绸缎"。昔日，淄博曾是丝绸产品的主要供应地，"丝绸之路"的源头之一。

现在，淄博市桑园保有量1.5万亩，其中高青县就有1.2万亩，有3 000户桑农从事桑蚕生产。最让淄博市丝绸行业引以为豪的是淄博河务局为高效生态桑林示范园提供的4 000亩沿黄淤背区土地。

"这是我们与市丝绸公司、高青县政府联合开发的项目，我们出土地搞水利等配套，优惠出租给农民，丝绸公司提供技术和苗木，保护价收购，县政府给农民提供适当补助。项目2011年正式启动，至2012年底，桑园建设项目已发展到3 000多亩。"李振玉对记者说，"我们把这作为转方式调结构，创新黄河淤背区发展模式的战略来对待。桑树条柔韧性好，是优质的防汛料物，可保证防汛用料；桑蚕基地建成后，可提高植被覆盖率，改善沿黄生态环境；同时，通过这项合作，我们淤背区年各类经济效益600万元。这种将经济效益、生态效益、文化效益和抢险应用融为一体的方式，成为我们淤背区开发的新模式。"

高青县自古就有种桑养蚕的历史，近几年由于蚕茧价格波动大，一些农民就把桑树毁掉，桑园的面积有萎缩的趋势。如何加快建立稳定的蚕桑基地，丝绸行业一直在苦苦探索。

淄博市丝绸公司总经理焦连栋很有感触地说："淄博河务局一下拿出这么一大片集中连片的土地，支持植桑养蚕，发展了淄博市的传统产业，市委、市政府非常肯定这种做法，专家说这在养蚕史上也是一个创举，促进了丝绸产业拓宽新的发展空间，实现了丝绸与黄河文化的有机融合。"

他告诉记者，淄博河务局多次安排协调，督促落实，将腾出的土地优先规划发展桑园，这是河务部门对山东丝绸产业的重大支持。桑蚕对环境要求相对较高，黄河淤背区生态相对独立，病虫害少，水资源条件有保障，蚕茧质量好。全国丝绸协会、省丝绸公司非常重视，还专门来考察，赞扬这种模式。下一步他们还想在丝绸和黄河文化结合上做一些文章，以丝绸为载体，为弘扬黄河文化尽些绵薄之力。

发起单位之一的高青县人民政府副县长刘军深有感触地说："沿黄淤背区高效生态桑林示范园建成后，农民每亩每年能增收4 500元，不仅实现了农民增收，还改善了生态，美化了环境，实现了政府、河务、地方企业和农民的'四方共赢'。另外，淄博河务局以此为依托，加上黄河标准化堤防建设和全国水利风景区的创建，在黄河边形成了一条四季常绿、环境优美的生态长廊，大大提升了高青县的生态环境和投资环境，拉动了高青县的第三产业，特别是黄河生态文化游等旅游产业发展。"

人和谐，流域区域同发展

在山东采访，山东黄河河务局局长周月鲁告诉记者："流域与区域发展相互依存，密不可分。黄河防汛减灾、水资源管理、防洪工程建设、依法治河、生态文明建设，黄河事业的可持续发展，也越来越离不开沿黄政府、群众的支持。没有社会通力合作，封闭自守，条块分割，哪一项工作目标都不可能实现。淄博河务局这些年经济发展快、后劲足，行业民生改善得好，一个重要的原因是他们坚持开放式治河，融入当地社会，共同发展。"

开放治河，宣传了黄河，展示了黄河人的风采，更使沿黄政府、群众的治黄主体意识、责任意识不断增强。

这一点，淄博市市委书记周清利最有感触。这个生在黄河边，长在黄河边，从村支书干起，一直在沿黄县市任职的市委书记，是个"黄河通"。他说："黄河对淄博而言，不仅是一条母亲河，而且对淄博老工业城市发展起着很重要的水资源保证和生态屏障的作用。不管生产力如何进步，社会如何发展，黄河的重要性不会有变化。除水害、兴水利是长久任务，治理黄河是国家行为，也是社会各方面的责任，需要动用社会力量。"

"治黄队伍是有纪律、讲奉献、能吃苦的队伍。淄博河务局是淄博市范围内最优秀的单位之一，黄河安全度汛，他们冲在最前线；黄河资源开发利用，他们干在最前边；严格管理，他们最规范。我们要关心爱护这支队伍。我有一个愿望，就是希望黄河职工们不要还住在大堤上，都搬到城里。"

周清利告诉记者："保障黄河安全是淄博市一项事关全局的重要任务和防汛工作的重中之重，我在任市长的时候，就把淄博市黄河防汛抗旱办公室升格为淄博市黄河防汛抗旱指挥部，来强化领导力量和社会动员能力。同时，发挥我市有地方立法权的优势，出台《淄博黄河河道管理办法》，对黄河防汛和水行政管理提供法制保障。"

说起淄博市对黄河的支持，李振玉如数家珍。

——《淄博黄河河道管理办法》专门加入"各级地方政府在黄河河道阻水片林清除、生态保护、工程建设和维护方面，给予资金补助"的条款，明确市财政每年补助50万元，并列入政府财政预算。有了这个法制保障，加上职工努力，2012年淄博河务局获得"全国水管先进单位"称号。

——2007年至2008年黄河标准化堤防建设期间，淄博市、高青县两级政府专门成立拆迁领导协调小组，协调、监督解决工程建设中遇到的问题和困难。市政府专门拿出20万元用于奖励工程建设有功人员，高青县出资130万元，用于搬迁奖励，增加300万元资金淤筑房台，有力地推进工程建设顺利完成。2012年，黄河下游防洪工程建设全面展开，市、县两级政府又积极协调拆迁、征地，帮助淄博河务局解决施工难题。

——在创建"全国文明单位"过程中，市委、市政府的大力支持，使淄博河务局成为全市申报"全国文明单位"仅有的3个市直单位之一，并于2011年成为"全国文明单位"。

——在淄博河务局办公楼搬迁、职工宿舍建设中，在土地购置、规费收取上给予优惠和减免，为实现基层职工全部到市区居住的目标创造了条件。

采访即将结束的时候，李振玉把记者带到惠青黄河大桥。他说："凭借黄河人良好的形象以及市里营造的良好环境，在融入地方、服务地方发展的同时，我们也从地方发展中，壮大了自己。像淄博市水利建设市场，我们已占据很大的份额；像惠青黄河公路大桥，我们积极参股，成为了这座桥的主人。"

4月的惠青黄河大桥，惠风和畅，车流如潮。一桥飞架南北，连接着两岸蓬勃的发展梦；一水浩荡东去，拥抱着深邃的蔚蓝……

（本文原载于《黄河报》，2013年5月7日，第2740期）

幸福之路：共商　共创　共享

——淄博黄河可持续发展系列报道之三

王继和　胡少华

在并非很久远的20世纪六七十年代，黄河下游两岸农村曾有过一首民谣："远看是挖炭的，近看是要饭的，仔细一看是河务段的。"一首短短的民谣，道尽了黄河修防工人曾经的生活窘迫。直到20世纪90年代前中期，黄河基层河务部门的条件虽有了不小的改观，但依然被水利行业贫困所困扰。

20世纪90年代后期，随着国家的经济发展和对水利投资的加大，黄河人开始了对于脱贫致富的憧憬和追求，开始了加快发展黄河经济，改善基层条件，建设幸福家园的步伐。经过几年的努力，淄博河务局率先脱颖而出，迈上了打造幸福淄博黄河、实现跨越式发展的进程。他们秉承"大计由职工共商，佳绩靠职工共创，成果让职工共享"的理念，充分发挥职工的主人翁作用，全局发展的大戏始终由职工唱主角。干部职工共商经济发展大计，共创物质精神佳绩，共享改革发展成果，营造出工作上人人用心，生活中个个开心的和谐环境，开拓出一条洒满阳光的幸福之路。

共商大计

2013年3月，淄博河务局根据上级精神，为适应财务体制改革、完善财务管理制度、规范会计工作秩序率先成立了会计核算中心。成立之前，他们除召开党组会、领导班子会进行研究外，还专门召开了由相关部门负责人和局属单位的财务人员参加的财务工作改革发展座谈会，集思广益，对中心的人员编制、核算内容及范围进行了认真的讨论。会计核算中心一个多月来的运行实践表明，精简了人员，提高了效率，促进了精细管理，效果良好。

"有句老话说得好，群众是真正的英雄。我始终认为，淄博河务局能有如此快的发展，最重要的就是充分调动和发挥了职工的积极性和创造力。"淄博河务局局长李振玉在说到此事时感慨道。我们在局属单位的采访中了解到的情况,印证了李振玉的话。

淄博河务局非常重视发挥职工在单位发展中的主观能动性,工会、职代会、政务公开等制度健全,职工诉求渠道畅通,职工的合法权益保障措施齐全。淄博河务局下属高青河务局、工程局、防汛物资储备中心、养护公司等单位每年都要召开职工代表大会,通过职代会动员全局职工参政议政,广泛征求职工意见、建议和提案,尽快给予答复,提出改进方案和措施,特别是涉及单位改革发展的重大决策,比如参股惠青黄河公路大桥、制定淤背区承包经营办法等都由职工代表参与表决。

该局工会主席董鲁田介绍说,2012年召开的淄博河务局机关第三届二次职工代表大会,就受理了15条提案,其中涉及劳动保护、安全生产等重要工作。在向局党组通报之后,职代会主席团向职工代表一一作了解释,并提出改进的方案和措施。

记者在高青河务局工会见到一份该局2010年的职代会提案解答报告,那届职代会共受理职工代表提案38条,涉及加强工程管理,加大淤背区开发力度,经济创收,县局与管理段实行工资、福利同待遇等内容,其中记者觉得"县局与管理段实行工资、福利同待遇"的一段解答很有说服力,特抄录下来:

"县局和管理段现在工资已经实现同资同酬、统一发放,其中管理段工资不足的部分,县局已经积极通过各种征收渠道填补了空白。福利待遇由各段创收解决,和县局分灶吃饭,体现了多劳多得、少劳少得,激发单位争先创优和积极性,能体现单位政绩和管理水平。"

那届职代会后,高青河务局与下属马扎子、大刘家、刘春家3个管理段的工资标准、发放途径即得到统一。

我们在养护公司了解到,今年年初召开的公司职代会上,重点对职工代表保障工资按时发放和落实职工带薪休假的提案给予了尽快落实的答复,之后又迅速兑现,做到了职工工资每月按时发放。他们还讨论制订了公司职工带薪休假的方案,并决定从今年起正式实行。

除通过各单位职工代表大会征求职工建议外,淄博河务局还通过开展"我为单位添光彩"、评选"单位精神、部门理念"等活动,向全局职工征集发展计策。局领导班子各成员或专门深入基层开展调查研究,或利用下基层的机会,问计于基层,求智于民众,广泛征求职工的意见和建议,为淄博黄河事业的快速发展奠定了活跃的思想基础和坚实的群众基础。

共创佳绩

相信职工，依靠职工，使得淄博河务局干部职工的思想不断地得到统一，改革发展的意识不断地得到强化，在创造出可观的物质财富的同时，也创造出了可贵的精神财富，涌现出许多先进的人物和事迹。

高青河务局防办主任孟祥涛，2010年在孟口控导工程抢险中，带领抢险队连续奋战4个昼夜，战胜了一次又一次险情，当年被评为山东黄河防汛抢险先进个人。

工程局疏浚工程处主任于文军，任职10年来全身心扑在工作上，他们完成的工程合格率达百分之百，实现总产值7 000多万元。同时，他还带领职工利用业余时间开展种植项目，每年收获各类蔬菜、水果4万余千克。

工程局工程科副科长李明，1999年参加工作，已经参加了十几个工程项目的施工管理工作。2008年汶川大地震后，他在山东河务局的统一安排下，带领工程局4名抢险队员、2部自卸车昼夜兼程，仅用不到2天的时间就赶到指定地点投入抗震救灾，并在救灾第一线火线入党。

防汛物资储备中心职工于兴凯，被选派到高青县木李镇常官店村开展驻村帮扶工作。他帮助村民抗风救灾，寻找种植、养殖项目，积极跟淄博河务局汇报并争取支持，为常官店村铺设灌溉用电缆2 000多米，解决了这个村子的灌溉难问题，被村民亲切地称为"俺们的第一书记"。

高青河务局信息通信站副站长杨成华，几年来结合工作实际研制出防雷击电源控制器、便携式太阳能电器宝、密码控制锁等，其中防雷击电源控制器受到黄委领导的称赞，并获黄委创新成果应用类一等奖。

物资储备中心职工杨荣杰、蔡少艳研制的灰料拖动码方机2011年取得国家发明专利，后获得全国水利行业技术技能创新大赛三等奖；以该中心副主任程传来为主研制的工地生活净水化设备2012年被黄委认定为新技术、新方法、新材料及推广应用成果。

工程局司机金传宝，2003年时就获得"山东河务局安全行车百万公里无事故驾驶员"称号，近年来又努力钻研，开展了多项技术革新，解决了汽车行驶及保养过程中许多技术难题。他发明的一些节油法，每年为单位节约油料开支1万多元。

诸如此类的例子还有很多很多，他们在不同的岗位上，用不同的业绩，诠释了黄河职工共同的敬业和奉献精神。

在完成艰巨的防洪保安全任务的同时，淄博河务局从省级文明单位晋升为全国文明单位，最主要的依靠就是全体干部职工这种自觉、积极的爱岗敬业精神。

一花独放不是春，百花齐放春满园。淄博河务局还与聊城阳谷河务局开展结对帮扶，文明共建，慷慨出手为阳谷河务局建起了电教室、活动室、阅览室、荣誉室、黄金书屋等4室1屋；为阳谷河务局办公楼更换了门窗，进行了内外粉刷；为该局机关院内铺上大理石地面；对篮球场进行了整修，总投资超过50万元。阳谷河务局从领导到职工都说："人家淄博河务局对咱的帮扶，可是真心实意、真金白银啊！"2012年底，阳谷河务局荣膺山东省文明单位，成为阳谷县仅有的3个省级文明单位之一，真正是共建催开文明花。

共享成果

29岁的牛盼盼是养护公司基层养护队上的一名普通职工，已经做了父亲的他，在高青县城买了房，买了车。他的妻子王佳佳在县邮政储蓄银行上班，夫妻俩每月收入7 000多元，在小小的县城这个收入是比较高的，一家人收入稳定，小日子过得红红火火。"听爸爸那代黄河人说，从前咱黄河职工待遇低，劳动条件差，那样子像逃荒的难民，想找个对象可不容易，十里八村，一听说是黄河上的人都摇头。现在在黄河上条件好了，河务局成了好单位，俺找对象的时候，人家一打听咱是黄河人，可给咱加了不少分哩！"牛盼盼快乐地对我们说。

像牛盼盼这样对单位有认同感、归属感，自己又有幸福感、自豪感的职工，在淄博河务局很普遍。

这几年，淄博河务局的经济工作大踏步地前进，连续4年经济总收入达到2亿元以上。创造性的劳动结出了丰硕的成果，此时的淄博河务局，首先想到的是这成果源于职工，也要还于职工，让全体职工真切感受到文明创建带来的变化，切实享受到经济发展带来的成果，让全体职工走上共同富裕的道路，实现"单位富强、职工富裕"的目标。

淄博河务局及各级领导班子始终注意把创建文明单位与改善职工生活有机结合，高度关注职工关心的生计问题，坚持把为职工办实事作为一项常态化的任务，督促指导有关责任单位和部门筹集资金，增强措施，加大力度。每年都要想方设法为职工办几件具体的好事、实事，着力提升干部职工的生活满意程度、心情愉悦程度、身体健康程度和人际和谐程度。

　　我们到高青河务局马扎子管理段采访的时候，段长庞小男等人去机淤工地上了，只见到工程员刘永杰和韩本民。问起他们的生活情况，两人先露出朴实而满意的笑。两人月薪都是5 000多元，刘永杰家住20多千米外的高青县城，为了上下班方便，早就买了一辆汽车开着了。韩本民老家在经济比较发达的邻县邹平，家里比较富裕，他倒没有买车，"我不是买不起，主要是平时一个星期回家一次，汽车利用率太低，骑摩托车回去就可以啦。"据他俩介绍，他们段7名职工有5个人都买了汽车，非汛期都是开着汽车上下班，除了韩本民，还有一个职工老家是日照的，就他是因为家在外地平时在段上住没有买汽车。另两个管理段刘春家、大刘家情况也相似。

　　为了保证职工有较高的生活水平，淄博河务局首先想到并做到的是，不但保证全局职工工资按时足额发放，还要保证全局职工收入每年都有增长。我们在局属几个单位了解到，2012年，淄博河务局职工收入最高的是工程局，平均月薪达到7 000多元，最低的是3个管理段，平均月薪也在5 000元以上。由于工程局的平均收入更高，加上年轻人又比较多，他们的职工买的汽车价位要高一个档次，大都在20万元左右。开着私家车上下班，在淄博河务局各级单位早已不算新鲜事了。

　　在大刘家管理段，我们与段长刘同建重逢。2012年记者在大刘家管理段的苗圃采访时，刚好有人来询问想买一批美国竹柳，直径达到7厘米以上的出价85元，达到5厘米的出价60元。而大刘家管理段苗圃的美国竹柳，直径达到7厘米以上的有4 000棵，达到5厘米的3万多棵。这次又见面，记者问刘同建去年苗圃的收益情况，他高兴地说："我们段去年集体承包了200亩淤区，种植美国竹柳等林木，每亩向上级交200元之后，每个职工还分了2万元。今年大家的积极性更高啦。"

　　淄博河务局下大力气加强职工生活基地建设，2012年8月竣工并投入应用的淄博黄河建设管理基地，占地2公顷，建筑面积3 800平方米。它将附近的7个局属单位集中在一起，实现了基层资源整合与共享，改善了一线职工的办公生活条件，同时还可接待游客、承办小型会议、开展爱国主义教育活动等，成为山东河务局的一大亮点。

　　正在筹建的四宝山职工宿舍区建设项目，位于淄博市委、市政府所在地张店区，目前已通过论证、设计、规划、搬迁及配套费减免等环节，争取尽早开工建设。淄博河务局党组承诺，以成本价确保全局职工每人一套。让每个职工在淄博市区有住房，这是淄博河务局又一项"民心工程"，它承载着局党组"为职工服务"的宗旨，寄托着全局职工一个更美好的生活希望。

令人羡慕的还有高青河务局。该局包括下属3个管理段在内的职工，除了家在外地的，几乎人人在高青县城都拥有两套住房。

职工家庭住房如此，对于基层管理段的生活和工作条件，高青河务局也一直在致力改善。2011年，投资70万元为3个管理段打深井，购置供水、净水设备，解决了一线职工的吃水问题；2012年又投资17万元为刘春家管理段装修了办公楼，为3个管理段改善了洗手间和浴室设备，配置体育活动和健身器材等。

维修养护公司开展了一系列的"暖心活动"，重视员工的身体健康，每年投资10多万元配发劳保用品，定期组织体检，并为员工办理了医疗保险和意外伤害保险；努力改善职工的生产生活条件，在增加和更新机械设备、降低员工劳动强度的同时，投资30余万元修缮了员工宿舍，改善了厨房设备，为所属3个养护队安装了热水器，为每个职工宿舍统一购置了电视机、空调、饮水机等；帮助10多名职工子女实现了就业。

只有十几名职工的物资储备中心，制订了每年为职工办10件好事的目标，使职工时刻感受到单位的温暖。

"菜篮子工程"也被各级单位列入议事日程，努力让全局职工吃上不掏钱的放心菜。有着205名职工的淄博河务局，目前种植蔬菜80余亩，建设蔬菜大棚7个、果园410亩，养猪场、养鸡场、鱼塘、奶牛场5处，所有产品全部达到"绿色有机无公害"标准，近几年来每年都向全局职工无偿发放。2012年，共向全局职工发放蔬菜、果品15万千克，肉类1.6万千克，鸡蛋1万千克，食用油8 000千克。

用李振玉的话说就是："我们淄博河务局正在逐步做到福利待遇不分机关基层，不分事业企业，不分领导职工，全都一个样！"

通过在淄博河务局的采访，我们深切地感受到，近年来，淄博河务局在创建全国文明单位、实现跨越式发展的进程中，全局干部职工不仅得到了最具体的实惠，享受到了实实在在的改革发展成果，而且他们还是单位发展大计方针的参与制定者，是文明建设成果的亲手创造者。

20世纪80年代有一首流行歌曲唱得好："幸福的生活靠劳动创造，幸福的花靠汗水浇"，创造并享受着，或许这才是淄博黄河人更高境界的幸福。

（本文原载于《黄河报》，2013年5月9日，第2741期）

附录二　专题片解说词

引子：

一个催人奋进的时代必将创造出令人喝彩的未来。

近年来，淄博河务局按照黄委的统一部署，准确把握流域经济社会发展对治黄工作提出的新挑战，统筹治河与区域经济社会发展，用激情和梦想传递着黄河人开放式治河、奋力创新、勇超一流的正能量。

水映淄博

——淄博黄河发展之路

（电视脚本）

策划：郑胜利　撰稿：刘自国　张　倩

山东淄博，齐文化发祥地，这里孕育产生了齐桓公、管仲、孙武、蒲松龄等历史名人，留下了浩繁的文化遗存。

在黄河水的润泽中，淄博已发展成中国环渤海地区一座风格独特的工业城市，是著名的"陶瓷之都"、"丝绸之乡"。

1990年，淄博黄河河务局在高青县黄河岸边成立。

面对蓬勃发展的地方经济，淄博黄河河务局践行可持续发展治水思路，开放治河，主动融入，抢抓机遇，搭上经济发展的快车，一路前行。

片花

以水资源的可持续利用支撑流域经济社会的可持续发展。这是新时期治黄工作不变的主题。

黄河成就了淄博，黄河水是联系淄博河务与地方的纽带。

淄博，我国工业经济过万亿元的16个城市之一；同时又是一座水资源严重缺乏的城市，人均占有水资源量只有346立方米，仅为全国人均占有量的15%左右。

黄河是目前淄博市唯一的客水资源。

字幕：2001年，淄博引黄供水工程建成通水

为支持高速发展的淄博经济，河务部门主动与地方政府沟通，延伸引黄供水，开创性地将黄河水输送到了齐鲁石化等国家重点企业、淄博市中心城区以及距离黄河较远的区（县）。

画面：齐鲁石化、山东博汇纸业有限公司、南定热电厂

在引黄供水中，河务部门发挥流域机构组织、协调、监督等职责，精细调度、热情服务，使得黄河水成为淄博工农业生产、城乡居民生活以及生态建设最可靠的水源。

引黄供水工程的建成应用，有效涵养了淄博市主要水源地——大武水源地，使大武地下水位回升了近百米。同时，引黄供水使淄博市改善了投资环境，加快了经济发展，为一大批工业项目立项或开工起到了积极的推动作用。

2011年，淄博工业总产值达到1万亿元，其中，产值的50%由黄河水承载。

按照淄博市"十二五"发展规划，淄博工业产值将达到2万亿元，其中，黄河水和南水北调的长江水将支撑其中的1万亿元。

黄河，正成为淄博强劲发展最重要的水源保障。

画面：淄博黄河淤背区千亩桑园

这片面积达5 000亩，在大堤边延伸的醉人绿色是淄博市高效生态桑林示范园。

它是淄博河务部门以土地资源支撑当地经济社会发展的又一佐证。

丝绸，穿越千年的美丽，是淄博市又一传统优势产业。

近几年，由于蚕茧价格波动大，桑园种植不断萎缩，如何建立稳定的蚕桑基地，一直困扰淄博市政府。

蚕桑对环境要求相对较高，而黄河淤背区生态相对独立，病虫害少，水资源条件有保障，蚕茧质量好。

淄博黄河利用淤背区土地优势，主动联系地方政府寻求桑园合作。即：河务部门整体出让土地，修缮配套设施；农民优惠承包；丝绸公司提供技术和苗木，保护价收购；政府提供适当补助，共同开发高效生态

桑林示范园。

桑林示范园建成后，企业有了稳定的蚕茧供应，农民每亩每年增收4 500元，河务部门每年经济效益160多万元；桑树条柔韧性好，是优质的防汛料物，保证了防汛用料；实现了政府、河务、地方企业和农民的"四方共赢"。

淄博河务局还以桑林示范园为依托，加上黄河标准化堤防建设和全国水利风景区的创建，在黄河边形成了一条四季常绿、环境优美的生态长廊，大大提升了淄博生态环境和投资环境，拉动了黄河生态文化游等旅游产业发展。

片花

随着经济社会的快速发展，维持黄河健康生命，实现黄河长治久安，越来越离不开地方政府的引领推动和支撑保障。

淄博黄河发力地方经济，利好效应逐步释放。

2012年，淄博市黄河防汛抗旱办公室升格为淄博市黄河防汛抗旱指挥部，由淄博市市长任指挥，既加强了淄博黄河防汛抗旱工作的组织领导，又密切了河务部门与政府的关系。

淄博市发挥地方立法权的优势，出台了《淄博黄河河道管理办法》，为当地治黄工作提供法制保障。该办法还专门规定各级地方政府对黄河治理应给予资金补助，市财政每年补助50万元，并列入政府预算。

在淄博黄河标准化堤防建设中，市县两级政府专门成立拆迁领导协调小组，协调、监督解决工程建设遇到的问题和困难，市政府专门拿出20万元用于奖励工程建设有功人员。高青县出资130万元，用于搬迁奖励，增加300万元资金淤筑房台，有力地推进工程建设顺利完成。

这是《淄博市贯彻中央2011年中央一号文件及中央水利工作会议精神实施意见》。

由黄河河务部门提出的区别水源的用水顺序的建议，成为该市"优先利用客水，合理利用地表水，控制开采地下水"的用水原则，促进淄博黄河发展的有关条款也纳入实施意见中，实现了治黄与地方水利改革发展的有机结合。

在淄博河务局办公楼搬迁、职工宿舍建设中，淄博市在土地购置、规费收取上给予优惠和减免，为实现基层职工全部到市区居住的目标创造了条件。

在创建"全国文明单位"过程中，市委、市政府大力支持淄博河务局申报"全国文明单位"并于2011年成功评为"全国文明单位"。

借力地方政府营造的良好环境，淄博河务局在服务地方发展的同时，也从地方发展中壮大了自己。2005年，经济总产值突破1亿元，人均创收45万元；2012年，经济总产值突破2亿元，人均年收入8.9万元。

片花

人水和谐惠民生。

大力发展民生水利，实现治河与惠民的有机统一。这是践行可持续发展水利的必然要求。

淄博河务局按照黄委提出的"以人为本、增进人民福祉"的发展理念，努力改善行业民生，让每一位职工在黄河边工作着、生活着、快乐着。

画面：淄博黄河建设管理基地

这座占地30亩，设计考究、风格独特的建筑就是淄博黄河建设管理基地。它将散落在黄河大堤上的7个局属单位集中在一起，实现了基层资源整合与共享。

现代化的办公室、会议室、餐厅、宿舍以及健身房，多少黄河人期待已久的梦想，在这里变成了现实。

依托黄河淤背区建设的蔬菜大棚、果园、养猪场、养鸡场、鱼塘、奶牛场，全局职工免费享用新鲜蔬菜和肉蛋，为每个职工所供的绿色食品价值每年都在1万元以上。

为让全局职工共享发展成果，增强幸福感，淄博黄河河务局推行"共富"收入分配模式，实行两次分配：一次分配，即基本工资按国家规定执行；二次分配，即奖金补贴基本拉平，向基层和低收入者倾斜，优待老弱病残，逐步缩小差距。2012年，全局人均收入为8.9万元，局机关人均收入11万多元。

画面：淄博黄河物资储备库设计图

一个依靠淄博黄河物资储备库基地而扩建的大型仓储物流中心即将在这里建设。它将建成淄博最大的现代化、智能化的国家防汛物资仓库和调配中心。

画面：惠青黄河公路大桥

这就是淄博河务局参股建设的惠青黄河公路大桥，该局年均分红150万元。

一座桥，恰似一道彩虹，它跨越了黄河，连着四面八方，更连着淄博黄河人的幸福指数。

尾声

梦想成就奇迹，经验启迪未来。

品味淄博黄河频频传递的"黄河好声音"，我们愈加自信：治黄事业只有着眼于流域经济社会发展的新要求，更加注重顶层设计，更加注重科学管理，更加注重基层基础，更加注重自身能力建设，才能破浪前行，击流奋进。

附录三　淄博黄河大事记

（1990—2012年）

1990年

黄委批准成立淄博黄河修防处

1月19日　根据山东省人民政府对行政区划的调整，经黄河水利委员会批准成立山东黄河河务局淄博黄河修防处，辖高青黄河修防段及四宝山石料收购站。并与高青修防段合署办公，机关内部设办公室、政工科、工务科、工管科、财务科。淄博黄河修防处办公地点在刘春家。

淄博黄河修防处管辖临黄堤46.92千米，险工有刘春家、马扎子2处；河道控导工程有大郭家、孟口、新徐、段王、堰里贾、翟里孙6处；引黄涵闸有刘春家、马扎子2处，设计引水流量65.3立方米每秒，设计灌溉面积64.7万亩。

格立民、赵洪林任职

2月15日　山东河务局鲁黄政发〔1990〕17号文任命，格立民为山东黄河河务局淄博修防处副主任(主持工作)，赵洪林为山东黄河河务局淄博修防处副主任兼高青修防段段长。

淄博黄河修防处挂牌成立

3月9日　淄博黄河修防处召开成立庆祝大会。山东河务局局长葛应轩、淄博市人民政府副市长刘建业为大会剪彩并为淄博黄河修防处挂牌揭幕。山东省农委主任张守福、淄博市农委副主任高峰岭、中共高青县委书记王致臣、高青县人民政府县长邢建及惠民修防处等兄弟单位的主要领导到会祝贺。

黄河第一号洪峰通过淄博河段

7月12日　黄河下游发生第一次洪峰。花园口站10日4时流量为4 250立方米每秒。12日到达泺口，流量为3 670立方米每秒，12日刘春家险工最高水位19.19米。

修防处、修防段更名升格

12月8日　黄委报水利部批准，山东河务局淄博黄河修防处更名为淄博市黄河河务局，规格仍为县级。高青黄河修防段更名为高青县黄河河务局，并由原科级单位升格为副县级单位。县河务局所属分段更名为河务段，为副科级机构。

杨洪献等任职

12月17日　山东河务局通知，杨洪献任淄博市黄河河务局局长，格立民、赵洪林任副局长。

1991年

建立淄博市黄河河务局党组

1月12日　中共淄博市委淄任字〔1991〕2号文通知，撤销原"中国共产党山东黄河河务局淄博修防处党组"，建立"中国共产党淄博市黄河河务局党组"，隶属市委领导。杨洪献任党组书记，格立民任党组副书记，赵洪林任党组成员。

淄博河务局与高青河务局机关分设办公

2月24日　淄博河务局与高青河务局机关分设办公。市局机关暂定编17人，设办公室、工务科、财务科、政工科。并提出了《关于市、县两局分设运行管理的几点意见》，对行政管理、财务管理、政工、工务部门的计划、报表管理制定了办法。

高青清河镇黄河浮桥建成通车

11月1日　高青清河镇黄河浮桥建成通车。山东河务局鲁黄管发〔1991〕24号文批复，在高青县木李镇外清村至惠民县清河镇架设黄河浮桥。该浮桥由85式双体承压舟组成，1991年2月动工。桥长535米，宽9米，载重量80吨，投资500余万元，为淄博境内首座黄河浮桥。

机关办公楼竣工

11月30日 淄博河务局机关办公楼竣工。机关办公楼于4月9日在高青县黄河路94号破土动工，总建筑面积2 005平方米，投资71.30万元，由高青县建筑公司承建。

1992年

杨洪献、赵洪林、高庆久任职

1月18日 山东河务局鲁黄政发〔1992〕8号文任命，杨洪献为淄博市黄河河务局局长，赵洪林任副局长，高庆久任主任工程师。

机关迁址

6月4日 淄博河务局机关由刘春家迁往高青县城黄河路94号新址办公。

高青河务局被评为工程管理先进单位

11月20日 高青河务局被山东河务局评为工程管理先进单位。

《淄博市黄河工程管理办法》颁布实施

12月15日 《淄博市黄河工程管理办法》颁布实施。该《办法》分七章三十二条。第一章，总则；第二章，工程建设与保护；第三章，堤防工程管理；第四章，险工护滩控导工程管理；第五章，涵闸虹吸工程管理；第六章，奖励与处罚；第七章，附则。

1993年

杜宪奎、杨洪献职务任免

1月29日 山东河务局鲁黄政发〔1993〕18号文任命，杜宪奎为淄博市黄河河务局局长；免去杨洪献淄博市黄河河务局局长职务。

淄博市防汛抗旱指挥部成立

6月1日　淄博市防汛抗旱指挥部成立。市长韩新民任指挥，张守增、李象勇、刘义贤、高峰岭、杜宪奎任副指挥，赵洪林任黄河防汛办公室主任。

山东黄河工程开发有限总公司高青工程处成立

10月4日　成立"山东黄河工程开发有限总公司高青工程处"，为副科级机构。

1号住宅楼竣工

12月9日　淄博河务局1号住宅楼竣工验收，交付使用。

1994年

綦连安一行察看淄博黄河防洪工程

5月25日　黄委主任綦连安、副主任黄自强、副总工程师胡一三等在山东河务局局长李善润、副局长石德容的陪同下，实地察看了刘春家险工、涵闸、堤防等防洪工程，听取了淄博河务局的工作情况及防洪工程和防汛准备情况的汇报。綦连安对淄博河务局取得的成绩表示满意。

通信楼破土动工

10月1日　济东干线淄博通信楼破土动工，该楼建筑面积510平方米，12月15日完成主体工程。

高青河务局被评为工程管理"十佳"单位

10月23日　高青河务局被山东河务局评为工程管理"十佳"单位，孟口护滩工程和大刘家4千米堤防达到省局考核标准。

《高青县黄河工程及河道管理办法》颁布实施

10月26日　《高青县黄河工程及河道管理办法》由高青县人民政府颁布实施。

1995年

被评为全国水利系统安全生产先进单位

3月13日　水利部表彰淄博河务局为1994年度全国水利系统安全生产先进单位。

"苜蓿草选育及护坡作用研究"科技项目成功

3月23日　高青河务局"苜蓿草选育及护坡作用研究"科技项目得到了黄委科技部门的好评。黄委、山东河务局科技部门有关人员在淄博河务局召开了座谈会，并现场察看了苜蓿草种植情况。

水利部总工朱尔明察看淄博黄河

4月15日　水利部总工程师朱尔明在山东河务局局长李善润的陪同下对淄博黄河河段进行了察看。

成立通信科

6月29日　根据鲁黄政发〔1995〕78号文件要求，成立了淄博河务局通信科。

1996年

赵洪林任职、杜宪奎调任

4月24日　山东河务局鲁黄人劳〔1996〕36号文任命，赵洪林为淄博市黄河河务局局长，杜宪奎调任山东黄河工程局副局长。

黄河第一、二号洪峰通过淄博河段

8月21日　黄河一、二号洪峰顺利通过淄博河段。8月5日14时黄河花园口出现今年第一号洪峰，洪峰流量7 680立方米每秒，相应水位94.73米，洪水沿程水位表现之高、演进速度之慢都创有水文资料记载以来的最高纪录。8月13日4时30分，花园口站又出现第二号洪峰，洪峰流量5 520立方米每秒。由于第一号洪峰演进速度缓慢，在演进过程中，两峰于孙口和艾山之间交汇，延长了高水位的持续时间，从花园口出现洪峰到传播入海共16天，泺口站4 000立方米每秒以上流量也持续了78小时。8月19日7时，洪峰到达淄博市河道，马扎子险工最高水位23.64米，超警戒水位1.01米；20日10时，刘春家险工水位20.46米，超警戒水位1.14米，超历史最高水位0.07米。8月21日7时，洪峰顺利通过淄博河段。

高青河务局被评为全省抗洪抢险先进集体

10月16日　中共山东省委表彰高青河务局为全省抗洪抢险先进集体，刘焕荣记二等功。

马扎子河务段被评为山东黄河系统先进集体

11月6日　山东河务局、山东黄河工会表彰高青河务局马扎子河务段为山东黄河系统先进集体。李新军被评为山东黄河系统劳动模范。

1997年

高青河务局被评为工程管理"十佳"单位

1月28日　山东河务局以鲁黄管发〔1997〕4号文公布，高青河务局为工程管理"十佳"单位，刘春家险工、堰里贾控导工程为"双十佳"工程。

晋升为部级档案管理单位

2月13日　水利部办公厅以办档〔1997〕29号文批复，淄博河务局晋升为部级档案管理单位，证书号为SB91160029。

高青河务局被评为水利部二级河道目标管理单位

9月19日　高青河务局顺利通过了黄委组织的河道目标管理验收，被评为水利部二级河道目标管理单位。

1998年

2号职工宿舍楼开工建设

7月　淄博河务局2号职工宿舍楼开工建设，该工程由高青县开发建安有限责任公司承建，为地上六层砖混结构，建筑面积1 667平方米，投资173万元。

山东河务局淄博防汛物资储备中心成立

9月4日　山东河务局批复成立山东河务局淄博防汛物资储备中心，与山东黄河工程局淄博机械化施工工程处机构合一，合署经营，单位性质和隶属关系不变。

山东黄河工程局第八工程分局成立

10月8日　山东河务局批复成立山东黄河工程局第八工程分局（驻地在高青县），为自主经营、自负盈亏、独立核算的法人企业，接受淄博河务局和山东黄河工程局双重领导。

《淄博市黄河河道管理办法》颁布实施

12月7日　《淄博市黄河河道管理办法》经淄博市政府第九次常务会议审议通过，市长张建国签署淄博市政府令第3号，予以颁布实施。

1999年

高青河务局被黄委表彰为土地确权划界先进单位

1月14日　黄委表彰高青河务局为黄河工程土地确权划界工作先进单位；张庆彬、董鲁田、卢忠忠被评为先进工作者。

淄博河务局与高青河务局合署办公

3月9日　按照山东河务局对淄博（高青）河务局机构改革试点方案的批复，淄博河务局与高青河务局实行合署办公，一套机构，两块牌子。机关内设办公室、防汛办公室、工务科、水政水资源科（公安派出所）、人事劳动科、财务经营科、监审科、工会8个职能部门，所属通信处（正科级）、机关服务处（正科级）、大刘家河务段（正科级）、刘春家河务段（正科级）、马扎子河务段（副科级）等5个事业单位，淄博黄河工程局1个企业单位。3月9日，合署办公后的市县局机关正式运转。

荣获市级文明单位

3月10日　中共淄博市委命名淄博河务局为1998年度市级文明单位。

淄博市黄河工程局成立

3月25日　作为机构改革试点，淄博河务局正式成立淄博市黄河工程局，为法人企业，实行内部企业化管理，内设办公室、财务科和工程科3个职能科室，下设机械化施工工程处和疏浚工程处。

2000年

刘友文任职、赵洪林调任

5月24日　山东河务局鲁黄人劳发〔2000〕48号文任命，刘友文为淄博市黄河河务局局长，赵洪林调任济南市黄河河务局副局长。

市区职工宿舍楼立项

9月18日　山东河务局批复淄博河务局在淄博市区基地新建宿舍楼42户，建筑面积3 780平方米。鉴于淄博黄河工程局职工及淄博河务局单身职工的住房需要，经请示上级同意，新建宿舍楼72户，建筑面积9 434平方米。

高青河务局被评为黄河系统工程管理先进单位

11月24日　黄委表彰高青河务局为黄河系统工程管理先进单位，马扎子河务段被评为先进集体。

2001年

马扎子河务段被命名为"文明建设示范窗口"

2月　经山东河务局精神文明建设委员会考察评议，高青河务局马扎子河务段被命名为"文明建设示范窗口"。

市区职工宿舍楼开工建设

3月4日　淄博河务局住宅楼在淄博市张店区联通路90号正式开工建设，该工程分别由高青县黄河建工和淄博市庄园建工两家施工企业承建。

"引黄济淄"工程建成通水

9月28日　"引黄济淄"一期工程建成通水。该工程自高青县刘春家引黄闸引水，途经高青县、桓台县、张店区、高新技术产业开发区、临淄区的15个乡镇24个行政村，全线长70余千米。1990年3月开始动工兴建，1993年6月因故停工缓建，2000年10月重新复工建设。一期工程于6月30日试通水，9月28日正式通水，日供水25万吨，年引黄河水1.1亿立方米，工程投资1.2亿元。

淄博河务局积极参与"引黄济淄"供水工程建设，被淄博市政府评为支援引黄供水工程先进单位。

2002年

被评为市级文明单位

4月23日 淄博河务局被淄博市委、市政府评为"十五"期间第一批市级文明单位并被授牌。

机械化施工工程处划归淄博河务局管理

10月24日 山东河务局以鲁黄人劳发〔2002〕71号文印发《山东黄河河务局内部直属企业机构改革方案》，按照属地管理的原则，把原隶属于山东黄河工程局管理的第二机械化施工工程处（原淄博机械化施工工程处）划归淄博河务局管理。

完成机构改革

12月下旬 淄博河务局完成机构改革。按照山东河务局10月30日发布的《关于淄博市黄河河务局职能配置、机构设置和人员编制方案的批复》（鲁黄人劳〔2002〕78号），11月19日，公布《淄博市黄河河务局机关各部门及局直单位职能配置人员编制方案》，对机关各部门及局直单位的主要职责及人员编制进行了详细说明。其中办公室4人，防汛办公室4人，工务科4人，水政科2人，财务科4人，人事劳动教育科3人，监察科、审计科共3人，机关党委2人，工会工作委员会2人，服务处10人，经济发展管理局2人，供水处2人。同时印发了《淄博市黄河河务局工作人员定岗实施办法》、《淄博市黄河河务局科级职位上岗实施办法》、《淄博市黄河河务局机关一般岗位上岗实施细则》和《淄博市黄河河务局人员转岗实施意见》，详细规定了岗位管理、上岗条件、方法步骤、工作程序等。11月20日，召开了机构改革动员大会。

11月25日，印发了《高青黄河河务局职能配置、机构设置和人员编制方案》，内容包括高青河务局的主要职责、机构设置和人员编制，领导职数按一正二副配备，人员编制102人，其中机关38人。同日，淄博河务局召开副科级职位竞争上岗演说答辩会，局党组对4个需要竞争上岗的副科级职位进行公开竞争，18人次参加了竞争，确定了8名候选人，经党组研究决定，4人取得了副科级职位。12月7日进行淄博河务局机关一般人员竞争上岗，10日进行高青河务局机关及局直事业单位一般工作人员竞争上岗。

12月下旬，淄博河务局机构改革工作完成。全局共有18人次参与竞争4个副科级职位，42人次参与竞争23个市局机关一般岗位，24人次参与竞争高青河务局机关21个一般岗位。有22名职工办理了提前退休手续。

2003年

市区职工宿舍楼竣工验收

1月23日　淄博河务局两座宿舍楼竣工验收，达到了市级优良工程标准，被评为市级优良工程。

市局机关迁往市区办公

5月1日　淄博河务局机关由高青县城黄河路94号，迁往张店区联通路90号办公。

惠青黄河公路大桥开工奠基仪式

10月28日　淄博惠青黄河公路大桥开工奠基仪式在高青县黄河岸边举行。淄博市领导魏绍水、冯梦令、周继烈、岳华东、刘有先出席并为大桥开工奠基，淄博河务局局长刘友文应邀参加。

奠基仪式规模宏大，高青县各级各界共1万余人参加了惠青黄河公路大桥开工奠基仪式。

惠青黄河公路大桥横跨高青、惠民两县，总长1 740米，为目前黄河上最长的矮塔斜拉式公路大桥，大桥建设工期两年，将于2005年建成通车。

淄博市黄河防汛指挥中心开工建设

12月9日　淄博市黄河防汛指挥中心破土开工建设，工程位于淄博市张店区联通路90号，建筑面积7 895平方米。

2004年

依照公务员管理进行工资套改

1月1日　根据水利部《流域机构机关工作人员依照国家公务员制度管理工资套改办法》和黄委《各级机关依照国家公务员制度管理工资套改中几个具体问题的说明》等有关政策，对市、县局两级机关依照公务员制度管理人员共49人进行了工资套改。

高青河务局获黄委"工程管理十佳单位"荣誉称号

2月26日　黄委召开2004年工程管理工作会议，对2003年黄委工程管理工作进行了全面总结，并对在2003年工程管理工作中作出突出成绩的单位和个人进行了表彰。高青河务局获黄委"工程管理十佳单位"荣誉称号，高青河务局张俊华、尉剑获黄委"工程管理先进个人"荣誉称号。

李振玉挂职

3月2日　山东河务局鲁黄党〔2004〕5号文通知，李振玉到淄博市黄河河务局挂职，任党组成员、副局长。

被黄委表彰为安全生产先进集体

5月12日　淄博河务局被黄委表彰为安全生产先进集体。刘友文被表彰为安全生产先进个人。

淄博河务局、高青河务局分别更名

9月9日　按山东河务局通知要求，淄博市黄河河务局及高青县黄河河务局分别更名为"山东黄河河务局淄博黄河河务局"和"淄博黄河河务局高青黄河河务局"。单位名称变更后的公章、门牌、文件等变更工作于10月31日前完毕。

工程管理工作取得佳绩

9月16日　淄博河务局顺利通过了国家二级河道管理单位复核验收。高青河务局被省局评为"工程管理十佳单位"，刘春家河务段堤防被评为"堤防工程管理示范工程"，刘春家险工被评为"险工工程管理示范工程"，北杜控导工程被评为"控导工程管理示范工程"，大刘家河务段庭院被评为"庭院建设管理示范工程"，刘春家引黄闸被评为"涵闸工程管理示范工程"，刘春家河务段被评为"工程管理先进河务段（所）"，受到了省局通报表彰。

2005年

黄河防汛指挥中心举行荣迁新址庆典活动

7月11日　淄博河务局举行淄博市黄河防汛指挥中心荣迁新址庆典仪式。山东河务局党组副书记张学明、副局长杜宪奎，淄博市人大副主任李思玉、薛安胜，副市长吴明君，淄博军分区司令员鞠洪仑、参谋长牟志斌，山东黄河各地市局、省局局直单位、市直有关单位代表，淄博河务局历届老领导，淄博河务局机关全体职工及局属单位负责人参加了庆典仪式。

水利部企业协会授予淄博市黄河工程局"优秀企业"称号

10月24日　淄博市黄河工程局被水利部企业协会授予2005年度"全国水利优秀企业"称号。

2006年

工程局获得水利水电工程施工总承包一级资质

3月10日　经建设部审批，淄博市黄河工程局获得水利水电工程施工总承包一级资质。

《职工重大疾病医疗救助机制实施办法》颁布实施

6月1日 《职工重大疾病医疗救助机制实施办法》于6月1日在全局范围内实施，淄博河务局成为山东黄河第一个全面实行该机制的市局。

水管体制改革工作顺利完成

6月15日 按照省局鲁黄办〔2006〕27号文批复，截至6月15日，淄博河务局水管体制改革工作顺利完成，形成了职责更加明晰、运行更加顺畅的管理新构架。

李振玉任职

11月7日 中共山东黄河河务局党组鲁黄党〔2006〕39号文任命，李振玉为淄博黄河河务局局长、党组书记。

高青河务局被评为全省绿化工作先进单位

11月20日 高青河务局被山东省绿化委员会、山东省人事厅、山东省林业局以鲁人办发〔2006〕175号文评为全省绿化工作先进单位。

2007年

淄博黄河标准化堤防建设开工

3月6日 淄博黄河标准化堤防建设开工仪式在高青黄河大堤隆重举行。山东黄河河务局副局长杜宪奎，淄博市副市长吴明君出席开工仪式并讲话。

淄博黄河段被评为国家水利风景区

9月4日 水利部以水综合〔2007〕373号文命名淄博黄河段为国家水利风景区。

防汛物资储备中心更名

12月27日　山东黄河河务局淄博防汛物资储备中心更名为淄博黄河防汛物资储备中心。

2008年

《淄博市黄河河道管理办法》修改工作正式立项

3月13日　在淄博市政府办公厅召开的政府规章立法座谈会上，《淄博市黄河河道管理办法》被列入2008年政府规章制发的指导性计划之一，标志着《办法》修改工作正式立项。

设立科技科、信息管理处

4月28日　根据省局鲁黄人劳函〔2007〕28号文，淄博河务局单独设立科技科、信息管理处。

淄博黄河标准化堤防主体工程全线完工

10月　淄博黄河标准化堤防主体工程全线完工，工程共完成土方591万立方米，石方0.32万立方米，硬化堤顶路面34千米，完成房屋拆迁12 922平方米，征地1 081亩，挖地压地9 110亩，完成投资近2亿元。

黄委主任李国英到淄博考察

10月23日　黄委主任李国英一行在山东河务局局长袁崇仁、淄博河务局局长李振玉等陪同下到淄博市考察。考察期间，李国英先后听取了淄博市经济社会发展、齐文化发掘及其他有关方面的情况介绍，与市长周清利、副市长周连华等进行了工作交流，参观考察了齐国历史博物馆、齐长城遗址和淄博原山林场。李国英对有关方面工作给予了高度评价。

《淄博市黄河河道管理办法》征求意见协调会召开

12月30日　《淄博市黄河河道管理办法》（征求意见稿）首次面向全市的协调会在市法制办召开。参加会议的有市法制办的主要负责同志以及市财政局、市物价局、市国土资源局、市建委、市交通局、市水利局、市林业局等部门的负责人。

职工健身中心揭牌

12月30日　淄博河务局职工健身中心举行揭牌仪式，山东河务局工会主席赵衍湖、淄博河务局局长李振玉为健身中心揭牌。

2009年

陈雷部长到淄博考察

3月16日　水利部部长陈雷在山东省水利厅、淄博市有关领导同志的陪同下参观考察了淄博市水利建设情况，并与有关方面负责人进行了座谈。淄博河务局局长李振玉参加了上述活动。

黄河防汛应急救援队成立

6月16日　应淄博市政府要求，淄博黄河工程维修养护公司成立了黄河防汛应急救援队。应急救援队共有队员30人，主要任务是紧急应对各类黄河防汛险情和重特大安全事故的发生，保障人民生命财产安全和国家财产安全。

"黄河楼"博物馆奠基

6月18日　淄博"黄河楼"博物馆隆重奠基，水利风景区景观建设进入实质性实施阶段。

高青县公安局黄河派出所经市编委批准设立

12月19日　市机构编制委员会以淄编〔2009〕28号文批准设立高青县公安局黄河派出所，该派出所为高青县公安局科级派出机构，受高青县公安局和高青黄河河务局双重领导，可配备所长1名，教导员1员，副所长2名。其管辖范围为高青县境内的黄河河道及在相连地域划定的堤防安全保护区，主要职责是维护黄河水事安全和沿线治安秩序。

荣获全国全民健身先进单位称号

12月23日　国家体育总局以群体字〔2010〕2号文公布淄博黄河河务局为全国全民健身先进单位。

黄河派出所揭牌

12月24日　高青县公安局黄河派出所在刘春家管理段正式揭牌。山东省公安厅人事处处长鲍毅民，山东河务局水政处处长许建中为高青县公安局黄河派出所揭牌。淄博市公安局、河务局，高青县委、县政府、政法委、公安局、河务局等单位以及沿黄镇负责同志参加了揭牌仪式。

2010年

"黄河楼"博物馆破土动工

4月10日　淄博"黄河楼"博物馆基础桩灌注工作全面展开，这标志着淄博"黄河楼"博物馆正式破土动工，进入实质性施工阶段。

"保护母亲河——中日青年高青生态绿化二期工程"启动

4月18日　"保护母亲河——中日青年高青生态绿化二期工程"在高青黄河岸边启动。全国青联、共青团淄博市委，高青县政府、高青黄河河务局，日本静冈县中日友好协会以及青年志愿者共300多人参加了启动仪式。中日双方代表共同为"保护母亲河——中日青年高青生态绿化二期工程"揭牌。

高青河务局被黄委评为"十一五"工程管理先进单位

11月10日　在黄委召开的黄河工程管理工作会议上，高青河务局被授予黄河"十一五"工程管理先进单位荣誉称号。

2011年

信息管理处话务班获得全河先进女职工集体称号

2月28日　在郑州召开的全河女职工工作会议上，淄博河务局信息管理处话务班被评为全河先进女职工集体。

《淄博市黄河河道管理办法》正式发布实施

5月7日　修订后的《淄博市黄河河道管理办法》经淄博市人民政府市长周清利签署，以政府令第79号发布实施，自2011年7月1日起施行，《办法》共6章46条。

荣膺"全国文明单位"称号

12月20日　在中央文明委召开的表彰大会上，淄博黄河河务局荣膺"全国文明单位"称号。

2012年

李振玉当选为中共淄博市第十一次党代会代表

1月11日　在中共淄博市市直机关党代会上，李振玉当选为中共淄博市第十一次党代会代表。

领取"全国文明单位"奖牌

3月24日　在淄博市隆重召开的创建全国文明城市表彰大会上，李振玉局长代表淄博河务局领取了"全国文明单位"奖牌。

举行"全国文明单位"揭牌仪式

4月22日　淄博河务局举行荣膺"全国文明单位"揭牌仪式。山东河务局局长周月鲁、淄博市副市长李灿玉应邀出席仪式，共同为淄博河务局"全国文明单位"揭牌。

淄博市政府成立黄河防汛抗旱指挥部

5月29日　市政府专门成立了由市长任指挥的黄河防汛抗旱指挥部，并作为常设机构，使黄河防汛工作的领导力量得到加强，开展工作的针对性更强，目标更明确。

高青河务局成功创建国家级水管单位

11月20日　经水利部专家组验收通过，高青河务局成功创建国家级水管单位。